JN141162

基本の修得から
ゲームプログラム作成まで

本格学習 ［改訂3版］ Java入門

佐々木 整
著

技術評論社

ご注意　ご購入・ご利用の前に必ずお読みください

▶本書に記載された内容は、情報の提供のみを目的としています。したがって、本書を用いた運用は、必ずお客様自身の責任と判断によって行ってください。これらの情報の運用の結果について、技術評論社および著者はいかなる責任も負いません。

▶本書記載の情報は、2018年10月現在のものを記載していますので、ご利用時には、変更されている場合もあります。ソフトウェアに関する記述は、特に断りのないかぎり、2018年10月現在での最新バージョンをもとにしています。ソフトウェアはバージョンアップされる場合があり、本書での説明とは機能内容や画面図などが異なってしまうこともあり得ます。
本書ご購入の前に、必ずバージョン番号をご確認ください。

▶本書の内容は、次の環境にて動作確認を行っています。

- OS　Windows 10 (64bit)
- Webブラウザ　Microsoft Edge
- Java　JDK 11

上記以外の環境をお使いの場合、操作方法、画面図、プログラムの動作等が本書内の表記と異なる場合があります。あらかじめご了承ください。
以上の注意事項をご承諾いただいた上で、本書をご利用ください。

▶本書では、プログラミングのための準備に関する解説は省いております。

- SDKのインストール
- 本書作業フォルダの作成
- ソースプログラムの作成・編集手順の確認

本書第2章以降の学習を進めていく上で、上記3点の準備は必須です。初めてJavaに触れられる方や初心者の方で、準備の手順がお分かりにならない場合は、次の本書補足情報より、設定手順を確認してください(本書掲載のソースプログラム／例題解答・解説もここで配布しています)。

https://gihyo.jp/book/2018/978-4-297-10122-0/support

▶ご質問は必ず、本書P.288に記載されております質問手順をご覧になった上でお送りください。

本書のプログラム表記について(行番号)

本書のプログラムリストには、1行ごとに番号が付されています。次のように番号が付いていない行がある場合は、前の行の末尾より、改行なしに続けて記述されるものとします。

```
01 for (int i=0; i<5; i++) {
02     System.out.println( "No. " + i + " : "  + Thread.currentThread().
   getName());
03     try{
04         Thread.sleep(time);
05     } catch (InterruptedException e) {}
06 }
```

はじめに

1995年にJavaが発表されてから、既に20年以上が経過しました。発表直後は、Applet（アプレット）というWebブラウザで動作するプログラムを作成できることで、Javaの知名度は一気に高まりました。知名度が高まるに従って「Javaは遅くて使い物にならない」とか「完全なプラットフォーム非依存になっていない」、「ポインタが使えないのは不便だ」等々の批判が出るようになり、一部ではネガティブキャンペーンのような様相を呈しました。しかし、それでもJavaはWebやPCだけでなく、携帯電話（NTT Docomoのi-mode）などでも活用されるようになり、まさにアプリケーション開発の第一線で用いられてきました。その間、コンピュータそのものの性能向上や、インターネットへの常時接続の一般化、JIT（Just In Time）コンパイラに代表されるJDKの改良によって、かつては重大な欠点とされていた事柄も、次第にあまり大きな欠点とはいえない状況になりました。現在は、IoT（Internet of Things）やAndroid OSの開発言語の一つとしても幅広く利用されるなど、今後も高い需要が期待されます。

本書が発刊される2018年は、Java SEは10, 11の2つがリリースされました。特にJava SE 11はJava SE 8以来の長期サポート（Long Term Support）になります。このタイミングで、JShell（REPL）や型推論など最新の機能に対応させ、Javaの魅力を読者の皆様にお伝えできることは、1996年よりJavaプログラミングの入門書を執筆してきた私にとって、非常に大きな喜びです。

しかし、本書の「入門書」としてのコンセプトや紙面の都合などの関係で、残念ながらJavaの魅力全てを本書に詰め込むことはできませんでした。でも、心配はありません。本書で一通りJavaプログラミングを学んでいれば、きっとJavaに関する解説記事や他の書籍で書かれていることが、かなり容易に理解できるはずです。本書を足がかりに、ご自身の興味や目的に応じて、Javaに関する必要な情報を適宜収集して本書の先を学んでいって頂けたら、著者としてこれほど嬉しいことはありません。本書が、読者の皆様がJavaプログラマとしての第一歩を踏み出すきっかけとなることを願っています。

末筆になりますが、既刊「本格学習Java入門」初版・改訂新版の読者の皆様に感謝申し上げます。読者の皆様からのご質問やご意見は、本書の執筆に当たって大変参考になりました。また、「本格学習Java入門」の再度の改訂のチャンスと、脱稿をJava11正式リリースまで辛抱強く待って頂いた技術評論社書籍編集部の原田崇靖氏に感謝申し上げます。

2018年10月末日

佐々木 整

CONTENTS

第1章

プログラミング言語Java

Javaのプログラミング文法について学ぶ前に、まずJavaとは何か、Javaプログラマとしての一般常識について歴史や特徴の面から知っておきましょう。なぜこれほどまでにJavaが注目されているのか、理由がわかるはずです。

1-1 Javaとは

人間がコンピュータに指示を与えるには、プログラムという、行わせたい内容の記述が必要となります。このときに使う言葉をプログラミング言語といいます＊1。Javaはプログラム設計手法としても文法的に見ても、既存の言語と大差ありませんでは、なぜJavaがこれほどまでに注目されるようになったのでしょうか。

1-1-1 Javaの歴史

＊1 日本語や英語と同様にプログラミング言語も、文法や用途によって特徴が異なります。それらは主に、構造化プログラミング言語とオブジェクト指向言語の2種類に分けられます。前者の中ではC言語やBASIC、後者の中ではC++やJavaが、特に有名な言語です。

Java（ジャバ）は発表されたのが1995年と、比較的新しい言語です。誕生当初は小規模プログラム作成に利用されることがほとんどでした。それから性能の向上や新機能の追加を経ることで、現在では携帯電話や大規模なコンピュータシステムでも動作させられるようになりました。

▼ 表1-01 Javaの歴史

年代	できごと
1995年	Java発表
1996年	JDK（Java Development Kit）1.0リリース。JDK 1.02リリース（1.0のマイナーチェンジ）
1997年	JDK 1.1リリース（国際化機能など大幅な機能強化）
1998年	Java2（J2SE 1.2）リリース（swingの採用など）
2000年	Java2（J2SE 1.3）リリース（クライアント向けのJava2 Platform, Standard Edition，サーバ向けのJava2 Platform, Enterprise Edition，組み込み向けのJava2 Platform, Micro Edition）
2002年	Java2（SDK 1.4）リリース（XML関係の強化など）
2004年	J2SE 5.0リリース（言語仕様の大幅拡張）
2006年	JavaSE 6リリース（高速化やWebサービスへの対応の強化）
2011年	JavaSE 7リリース（機能強化）
2014年	JavaSE 8リリース（ラムダ式の導入、JavaFX 8の導入）
2017年	JavaSE 9リリース（JShell、モジュールシステムの導入）＊2
2018年	JavaSE 10リリース（ローカル変数の型推論の導入） JavaSE 11リリース（switch文の拡張、JavaFXの切り離し）

＊2 これ以降32bit版が廃止されました。32bit版のWindowsやMacOSを使用している場合は、JavaSE 8を使用してください。

1-1-2 Javaの特徴

＊3 この小プログラムをアプレット（applet）といいます。Javaが発表される前までは、WWWは静的な情報しか提示できませんでしたが、アプレットによって、アニメーションや入力に対応した情報など、動的な情報の提示ができるようになりました。現在は、アプレットが使用されることはほとんど無く、WebブラウザではJavaScriptで書かれたプログラムが動作しています。

Javaの名前を一躍有名にしたきっかけは、Webブラウザで動作するプログラムを作成できることでした＊3。しかし、Javaが注目されたのは、それだけではありません。他にも、次の理由も挙げられます。

■プログラムの作成が1度だけで済む

同じソフトでも、Windowsマシン用とMac用で2種類用意されていることがあります。Windowsマシン用に作成されたプログラムは、Macでは動作せず、逆もまたしかりです。そのため、Mac用（Windows用）にプログラムを作り変えること＊4は、作業量が増える分、プログラマにとって大きな負担になっていました。

しかしJava言語で1度作成されたプログラムは、Javaを理解する環境さえあれば、どんなマシンでも動作します（Write once, run anywhere）。プログラマはプログラム作成の手間が大幅に削減でき＊5、ユーザはプログラマの開発時間が短縮される分、最新プログラムをいち早く利用できることになります。

＊4 これを移植といいます。通常は、動作させるコンピュータのOSの種類ごとにプログラムを作成しなければなりません。

▼ 図1-01　同じプログラムを配布できる

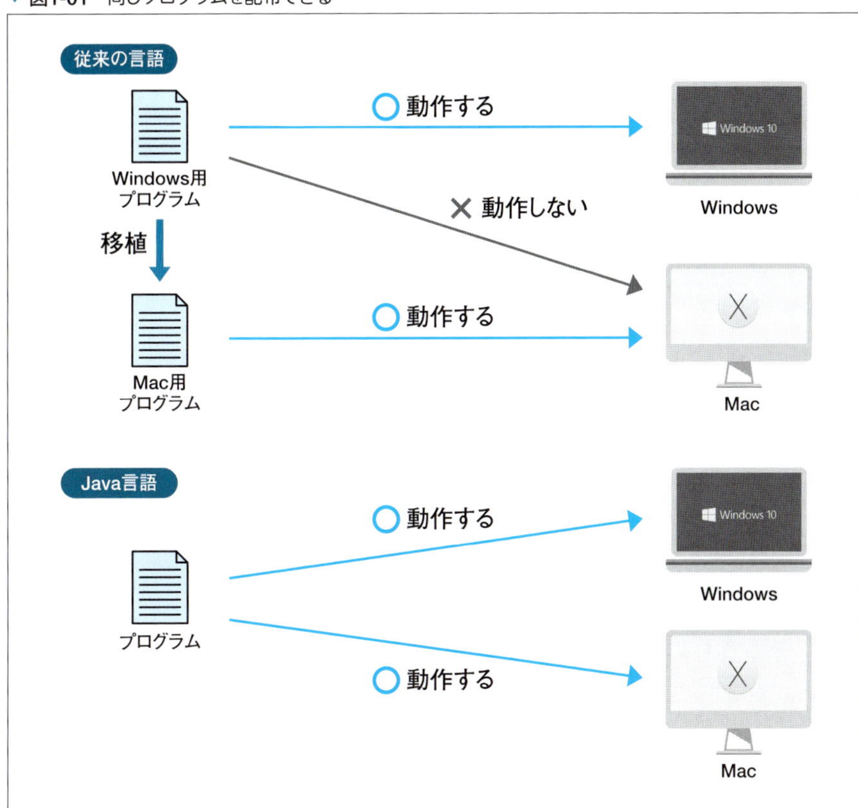

＊5 将来プログラムをバージョンアップすることになっても、同じプログラムを全員に配布できるので、開発者はユーザの環境を気にせずに済みます。詳細は**1-2-2**で解説します。

■プログラムの誤りを見つけやすい

人間同士の場合と同様、コンピュータを相手にした場合も、誤解のないよう明確に物事を表現する配慮が必要になります。C言語など他のプログラミング言語に比べ、Java言語ではあいまいさの少ない、厳密なプログラムの記述が必要とされ＊6、プログラマが意図しない動作をする事態を防いでいます。

しかもJavaのプログラムは、作成時と実行時にプログラムの記述チェックが行われます。この2度のチェックを突破したプログラムだけが、実行できるのです。

＊6 C言語などで誤動作の原因になりやすかったポインタも、Javaでは削除されています。誤動作の危険が高いものは、あらかじめ使えないようになっているため、安定した動作が期待できます。

■プログラムの修正、保守が容易である

最も大きな特徴は、オブジェクト指向というプログラム設計手法＊7に基づいていることです。オブジェクト指向は、プログラムの修正や保守を行いやすくできる手法です。オブジェクト指向言語であるJavaも、その恩恵を受けることができます。

＊7 smalltalkやObjective-C、C++などもオブジェクト指向言語です。JavaはCやC++の流れを汲んでおり、文法的に似ています。オブジェクト指向の詳細は**第7章**で解説します。

これらの理由により、Javaは、一般のPC（デスクトップ）向けのアプリケーションだけでなく、サーブレットやJSP（JavaServer Pages）といったWebサーバで動作させるプログラムを作成したり、Androidアプリケーションの開発やIoT（Internet of Things）アプリケーションの開発にも用いられています。このように、Javaでプログラムを書くことができるようになると、様々な分野のアプリケーション開発が行えます。

例題1-1（1）

Q1 次の文章の空欄を埋めなさい。

Javaは ［　①　］ というプログラム設計手法に基づいた言語で、プログラムの作成が動作させる機種やOSの種類によらず1度だけですむ、"Write ［　②　］, run ［　③　］."という特徴や、プログラムの ［　④　］ を見つけやすい、保守や修正が容易などの特徴があります。

Javaプログラムの開発環境

Javaのプログラムを動かすためには、**第2章**や**第7章**で述べるコンパイラやバーチャルマシンが必要になります。これらは、JDK（Java Development Kit）という開発ツールにまとめられており、このJDKを開発に使用するコンピュータにインストールして使用します。

何らかの理由でコンピュータにJDKをインストールすることができなかったり、タブレットなどそもそもJDKが用意されていないような場合はどうしたら良いでしょう？そんな時は、Cordingground（https://www.tutorialspoint.com/codingground.htm）などのオンラインコンパイラ（オンライン実行環境）を利用しましょう。オンラインコンパイラは、インターネット上にあるサーバにプログラムを送り、サーバでコンパイルと実行を行い、その結果を返してくれるシステム・サービスです。JDKのバージョンが最新のものではなかったり、GUIを用いたプログラムが実行できないなど、JDKをインストールして使用するのに比べて制約がある場合がありますが、WebブラウザさえあればいつでもどこでもJavaのプログラミングが可能です。

なお、JDK11のWindows10へのインストール方法は、本書サポートページ（https://gihyo.jp/book/2018/978-4-297-10122-0/support）で解説していますので、そちらを参照してください。

1-2 プログラム動作の仕組み

Javaで記述されたプログラムは、どんなコンピュータでも動作します。これは多くのメリットを産みますが、なぜそのようなことが可能なのでしょうか。ここでは、Javaのプログラムが動作する仕組みについて説明します。

1-2-1 プログラムが動作するまで

実はコンピュータは、マシン語（機械語）という言語しか理解することができません＊1。そのため、人間が理解しやすいプログラミング言語でプログラムを書き、それをマシン語に変換することで、コンピュータに命令を与えます。私たちの世界でいえば、通訳を介して外国人と話したり、外国語の本を翻訳して読むようなものです。このような変換は、インタプリタやコンパイラというプログラムによって実行されます（**図1-02**）。

インタプリタは、同時通訳を行います。プログラムの実行中、必要な部分を随時、マシン語に変換します。一方、コンパイラは翻訳を行います。プログラム実行前に、すべてのプログラムをマシン語に変換します＊2。

＊1 マシン語を低水準言語（または低級言語）、他のプログラミング言語を高水準言語（または高級言語）といいます。人間が低水準言語を理解したり、低水準言語で大規模なプログラムを作成することは非常に困難です。

＊2 プログラムの内容が同じなら、1度コンパイル（翻訳）してしまえば、再び翻訳する必要はありません。

▼ **図1-02** プログラム作成から実行まで

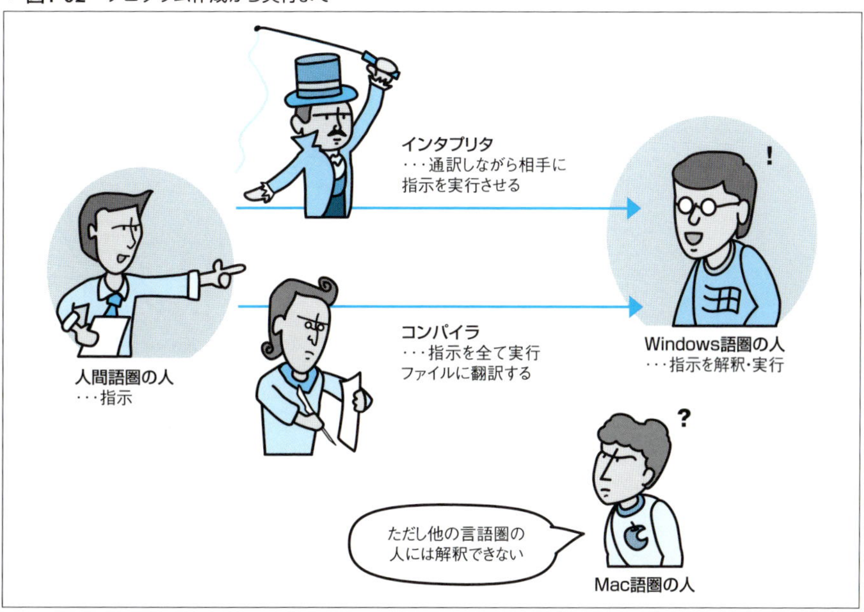

ただしマシン語は、WindowsやMacなど、コンピュータによって異なります＊3。Windowsマシンで動くプログラムを、そのままMacで動かせないのは、そのためです。このような問題から、同じ機能を持つプログラムであっても、それを動作させるコンピュータやOSに合わせて、個別にプログラムを作成する必要があったのです。

＊3 正確には、コンピュータの頭脳であるCPUによって異なります。そのため同じ種類のOSであっても、プログラムが動作しないこともあります。

1-2-2 Javaプログラムを動かすもの

＊4 Java仮想マシン、JVMと略されることもあります。

Javaのプログラムは、WindowsやMacなどのコンピュータ上で動作するのではありません。Javaではそれぞれのコンピュータ（ハードウェア）上に、ソフトウェアで仮想コンピュータを作り、そこでプログラムを動作させます。この仮想コンピュータのことを、Javaバーチャルマシン（Java VM）といいます＊4。

Windows用のJava VMやMac用のJava VMがすでに誰かによって作られていれば、それらのJava VMがコンピュータの違いを吸収し同じコンピュータとして振る舞うので、1つのJavaプログラムをどちらのマシンでも動作させられるのです（**図1-03**）。

▼ **図1-03** Javaプログラムの実行

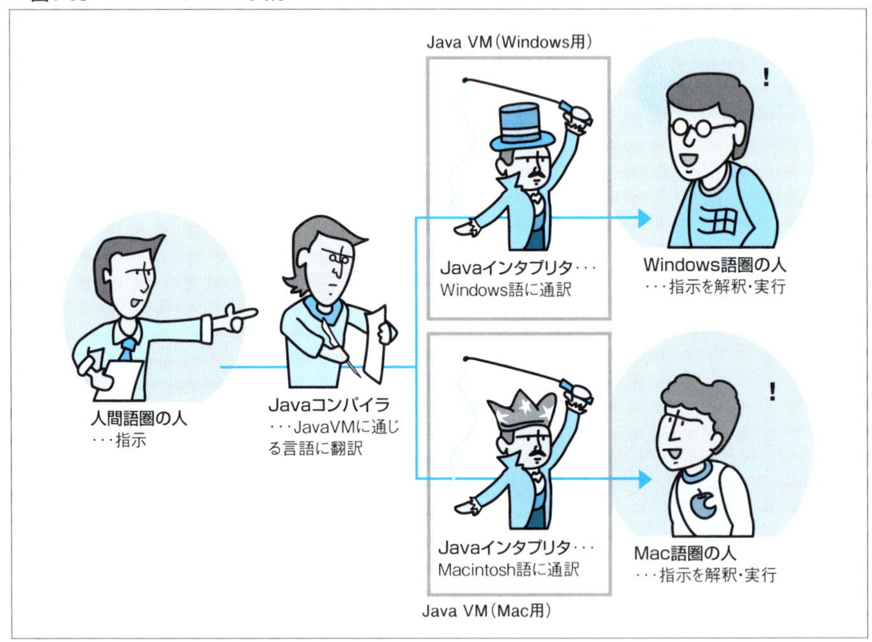

＊5 Java VMで実行可能なプログラムのことをバイトコードと呼びます。

このように、はじめの1つだけ各機種用にJava VMのプログラムを作っておけば、あとはユーザ共通のJava VMとして使用できます。つまり、「Javaでプログラムを作る」ということは「Java VM用のプログラムを作る」ということなのです＊5。

例題1-2（1）

Q1 次の文章の空欄を埋めなさい

コンピュータが理解できる言語は［ ① ］であるが、人間が［ ① ］でプログラムを作成するのは困難である。そこで、人間が扱いやすい言語でプログラムを作成し、それを［ ① ］に変換する。Javaで作成したプログラムは［ ② ］と呼ばれる仮想的なコンピュータが理解できる［ ① ］に変換され、実行される。

第2章

JShellによる Javaプログラミング体験

この章から、実際のJavaプログラミングの学習を進めていきます。必要な知識は各章で説明をしていきますが、まずはJava9より追加されたJShellを用いてJavaプログラミングを体験してみましょう。

2-1 JShell

JShellは、コンパイルというJava言語で書かれたプログラムをマシン語に翻訳する作業をせず、ターミナルからプログラムを直接入力し、実行するためのツールです。命令を読み込み、それを評価し、実行結果を表示することを繰り返すことから、REPL(Read-Eval-Print-Loop)と呼ばれます。

2-1-1 JShellとは

これまでは、Javaのプログラムは、「プログラム入力」、「コンパイル」、「プログラムの実行」の3つのステップを踏まなければなりませんでしたが、JShellを使うことで簡単に、しかもプログラムの一部の命令だけを動作させ、その結果を確認することができます(**図2-01**)。

JShellは本格的なプログラムの作成には向いていませんので、JShellを使わない方法は**第3章**で紹介します＊1。

＊1 JavaSE 8以前をお使いの方はJShellがありません。Javaプログラムを動作させる方法については**第7章**を参照してください。

▼ **図2-01** 通常のJavaプログラムの実行プロセスとREPLでのプログラムの実行プロセス

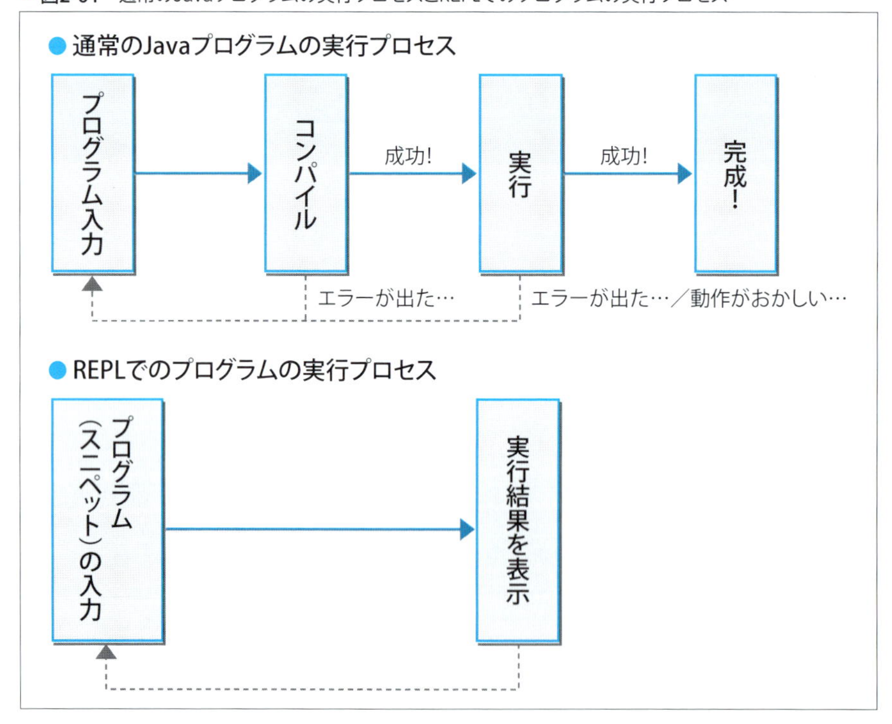

2-1-2 JShellの起動

JShellを使って、ディスプレイに「Hello.」と表示させてみましょう。まずは、ターミナルよりJShellを起動します。JShellは、オプションやファイルを指定して起動させることもできますが、ここではそれらを指定せずにJShell単体で起動させてみましょう。

▶ JShellの起動と終了

`jshell オプション ファイル名`

▼ 表2-01 JShellの主要な起動オプション

オプション	意味
--help	JShellに関するヘルプを表示
--version	JShellのバージョンを表示

▼ 図2-02 JShellの起動画面

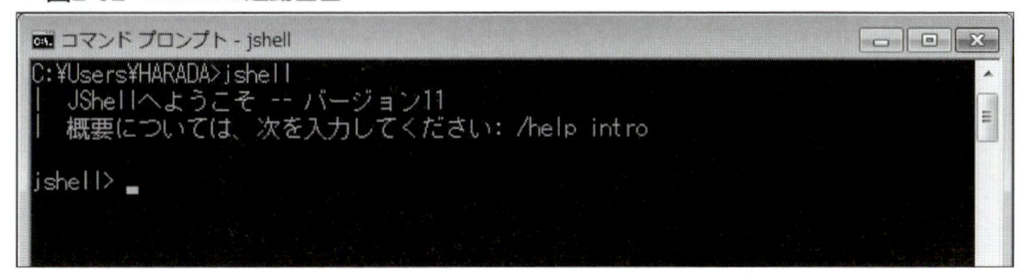

図2-02の様にJShellが起動したら、JShellで使用できるコマンドを確認してみましょう。JShellのバージョン等の表示がなされ、最後にJShell>＊2が表示されているはずです。

JShell>の後に続けて/helpと入力すると、JShellで使用することのできるコマンドが表示されます。**表2-02**に主要なJShellコマンドを示します。JShellでは、コマンドと命令＊3の2種類を入力することができます。

＊2 これをプロンプトと呼びます。

＊3 JShellではスニペットと呼びます。いくつかの命令が集まって一つのまとまりとなったものがプログラム、その一部分（断片）がスニペットと考えてください。

▼ 表2-02 JShellの主要なコマンド

コマンド	意味
/list	これまでに入力した命令を表示する
/edit	JShell Edit Padを起動する
/drop	指定した行、idの命令を削除する
/save	保存する
/open	保存した命令を読み込む
/var	変数の一覧を表示する
/history	これまでに入力した履歴を表示する
/reset	これまでの入力をすべてリセットする
/exit	JShellを終了させる

今度はJShellを終了をさせてみましょう。JShell>の後に続けて/exitと入力します（**図2-03**）。

▼ 図2-03 JShellの終了

2-1-3 命令の入力と実行

再びJShellを起動させ、プロンプトに続けて**リスト2-01**を入力して見ましょう。

▼ **リスト2-01** ディスプレイにHello.と表示させるための命令(Hello.jsh)

```
01 System.out.println("Hello.");
```

実行結果

```
Hello.

jshell>
```

ディスプレイに「Hello.」と表示されましたか？入力に間違いがあると、JShellはエラーメッセージを表示します。その場合はエラー部分を修正しなければなりません。よく出るエラーメッセージとその対処法を次に示します。

■記述ミス① ～「l(エル)」と「I(アイ)」の間違い～

printlnの「l」は、エルの小文字です。**リスト2-02**では、アイの大文字「I」と間違えています。また、「1」とも似ているので注意してください。

▼ **リスト2-02** プログラムの記述ミス①

```
01 System.out.printIn("Hello.");
```

実行結果

```
| エラー:
| シンボルを見つけられません
|   シンボル:   メソッド printIn(java.lang.String)
|   場所: タイプjava.io.PrintStreamの変数 out
| System.out.printIn("Hello.");
| ^----------------^

jshell>
```

■記述ミス② ～「;」(セミコロン)の付け忘れ～

リスト2-03の例は最後に「;」(セミコロン)が「:」(コロン)になっています。これも似ているので間違えないようにしてください＊4。

＊4 JShellでは;(セミコロン)を省略してもエラーにはなりません。しかし、Javaプログラムでは;は必要になりますので、省略せず必ず入力するクセを付けておきましょう。

▼ **リスト2-03** プログラムの記述ミス②

```
01 System.out.println("Hello."):
```

実行結果

```
| エラー:
| ';'がありません
| System.out.println("Hello."):
|                              ^

jshell>
```

■記述ミス③　～「"」の付け忘れ～

リスト2-04の例は「"」（ダブルクォート）が1つ足りません。これも文字を付け忘れた例の1つですが、これまでのものとはエラーメッセージが異なっていることに注意しましょう。

▼ **リスト2-04　プログラムの記述ミス③**

```
01 System.out.println("Hello.);
```

実行結果

```
|  エラー:
|  文字列リテラルが閉じられていません
|  System.out.println("Hello.);
|                     ^

jshell>
```

■記述ミス④　～「"」と「'」の間違い～

「"」（ダブルクォート）を使用しなければなりませんが、**リスト2-05**では「'」（シングルクォート）を2つ続けて使用しています＊5。

＊5　コンピュータは「"」と「'」は全く別のものして判断します。そのため、「'」を2つ続けても「"」にはなりません。

▼ **リスト2-05　プログラムの記述ミス④**

```
01 System.out.println(''Hello.'');
```

実行結果

```
|  エラー:
|  空の文字リテラルです
|  System.out.println(''Hello.'');
|                     ^

jshell>
```

2-1-4 命令の編集

タイプミスの修正や命令の変更など、一度入力した命令を編集しなければならない場合もあるでしょう。そのような時は、次の3つの方法のいずれかでプログラムの修正や追加を行います。

■新規入力

修正の必要のある命令はそのままにして、新しく命令を入力します。**2-2-1**で説明する、履歴機能を使うと入力が楽になります。

■命令の削除と新規入力

/listコマンド＊6でこれまでに入力した命令を確認します（**図2-04**）。

＊6　似たコマンドに、/historyコマンドがありますが、こちらは、Javaの命令（スニペット）だけでなく、これまでに入力したJShellの命令も含めて、すべての入力に対しての履歴が表示します。

▶ 命令の表示

```
/list
```

▼ 図2-04　命令の表示

```
jshell> /list

   1 : System.out.println("Hello.");

jshell> /1
System.out.println("Hello.");
Hello.

jshell> _
```

命令の前に番号が付いて表示されています。この番号が、各命令に付けられたid番号になります。

このid番号を使って、削除したい命令を指定します。/dropの後にid番号を入力してください。これで、その命令は削除されました（**図2-05**）。

▶ 命令の削除

```
/drop id番号
```

▼ 図2-05　命令の表示と削除

```
jshell> /list

   1 : System.out.println("Hello.");

jshell> /drop 1

jshell> /list

jshell> _
```

この状態で、新しく命令を入力してください。

■ JShell Edit Padで修正

JShell Edit PadはJShellから起動できる命令を編集（修正や追加・削除）するためのツールです。編集が完了したら、「Accept」をクリックしてから「Exit」をクリックしてください。編集した内容を反映させずに終了させたい場合は「Exit」だけをクリックします（**図2-06**）。

▶ JShell Edit Padの起動

```
/edit
```

▼ **図2-06** JShell Edit Padによる編集

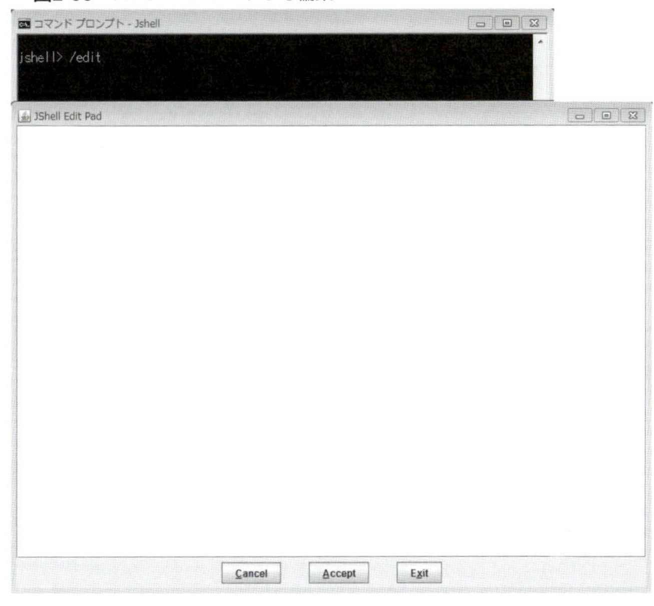

特定の命令のみを編集する場合は、/listで表示されるid番号を/editの後に記述してJShell Edit Padを起動させてください。

2-1-5 命令の再実行

修正した命令やこれまでに入力した命令を再度動かしてみましょう。命令の再実行は、/の後にid番号を指定して行います。また、直前に実行した命令をもう一度実行する場合は、/!とid番号の代わりに!で表現することができます（**図2-07**）。

▶ 命令の再実行

```
/id番号

/3
/!
```

▼ **図2-07** 命令の再実行

```
jshell> /list

   2 : System.out.println("Hello.");

jshell> /2
System.out.println("Hello.");
Hello.

jshell> /!
System.out.println("Hello.");
Hello.
```

2-2 JShellを使いこなそう

JShellには、命令の入力や実行を助ける便利な機能が用意されています。以下に紹介する機能をマスターして、JShellを使いこなしましょう。

2-2-1 履歴機能（カーソル上下）

JShellは、これまでに入力されたものを覚えています。カーソルキーの上下、またはCtrl＋P、Ctrl＋Nで直近のものから順番に入力内容が表示されます。表示したものに対して、カーソルキーの左右、またはCtrl＋B、Ctrl＋Fでカーソルを移動させ修正を行うこともできます。

2-2-2 補完機能（Tabキー）

入力途中でTabキーを押すと、入力した文字で始まる命令が補完されます。候補が複数存在するときには、共通部分までが補完され、残りは補完候補として一覧表示されます。

また、JShellのコマンドを入力している場合、例えば/eまでしか入力していないと、/editなのか/exitなのかが区別できません。しかし、/exまで入力すると、他にexで始まるJShellのコマンドがないので、ユーザは/exitを入力しようとしていると判断することができるので、/edのように途中までの入力で他のコマンドと候補が重複しない場合は、その状態でEnterキーを押すとコマンドが実行されます（**図2-08**）。

▼ **図2-08**　JShellコマンドの補完機能の利用例

```
jshell> /e
/edit    /env     /exit

<概要を表示するにはタブを再度押してください>

jshell> /ed
```

2-2-3 ドキュメント表示機能（Tabキー×2）

Tabキーを2回押すと、入力している命令に関するドキュメントが表示されます。入力中に命令の詳細を確認したいときに使用しましょう（**図2-09**）。

▼ 図2-09　ドキュメント機能の利用例

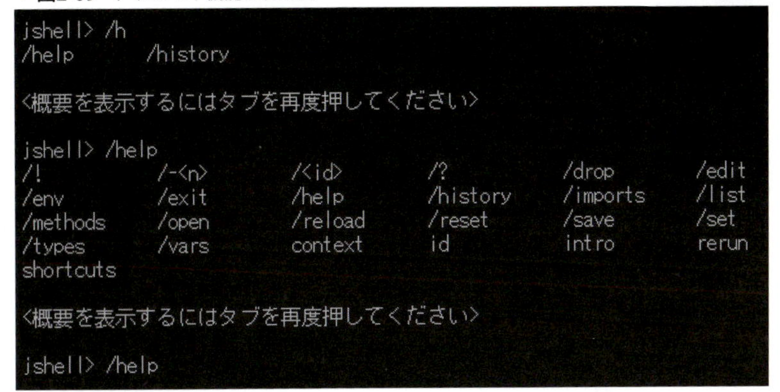

2-2-4 保存と読み込み（/save, /open）

これまでに入力した命令（スニペット）を保存したり、読み込ませたりすることができます。保存されるのはJavaの命令（スニペット）で、JShellのコマンドは保存されません。読み込みは、これまで入力したものに対して追加で読み込まれます（**図2-10**）。

書式

▶ 命令の保存

/save ファイル名*1

▶ 命令の読込

/open ファイル名

*1 JShellのスニペットであることがファイル名から判断できるよう、ファイルの最後に付ける名前（拡張子）を.jshとすることをお勧めします。

▼ 図2-10　命令の保存

```
jshell> /save firstSnippet.jsh

jshell> /open firstSnippet.jsh

jshell>
```

2-3 プログラムの基本

Javaのプログラムを作成する際に、必ず必要となるプログラムの基本スタイルを覚えましょう。このスタイルは本書で扱うすべてのプログラムで使用します。

2-3-1 文とセミコロン

2-1で実際にJavaのプログラムを動かしてみましたが、そこで入力した命令は、正式には文といいます。文は、必ず「;」(セミコロン)で終わります。このセミコロンは、日本語の句点のようなものと考えてください。「;」が入力されるまで、次のように複数行にまたがっても1つの文です。

```
System.
    out.
        println("Hello.");
```

文の途中で改行を行うと、まだ文が終了していないとJShellが判断した場合は-->が表示され、次の行で続きの入力を促します(**図2-11**)。一方、命令が終了したと判断した場合は、エラーメッセージを表示させます。

▼ **図2-11　次の行の入力を促す例**

```
jshell> System.
   ...> out.
   ...>
```

また、複数の文を同じ行に記述することもできます。

```
System.out.print("He");System.out.println("llo.");
```

さらに、「;」だけでも文として成立します。このような文のことを、空文(empty statement)といいます。空文は当然、何の命令(働き)も行いません。

例題2-3(1)

Q1　次の文の呼び名を答えなさい。

```
;
```

2-3-2 ブロック

文を集めて1つにまとめ、始まりと終わりを示す記号でくくった範囲は、ブロックとしてまとめることができます。Javaでは、ブロックの始まりを「{」(開き中カッコ)、終わりを「}」(閉じ中カッコ)で示します。

▶ **ブロックの書式**

```
{
    文1
    文2
    :
    文n
}
```

次のように、ブロックの中に複数のブロックを入れることもできます。

```
{
    文1                      ---- ブロック1
    {
        文2                  ---- ブロック2
        {
            文3              ---- ブロック3
        }
    }
}
```

しかし複数のブロックを重ね合わせることはできません。

```
{                            ---- ブロック1
    文1
    {                        ---- 1つ目のブロックと2つ目のブロックが一部重なっている
        文2
    }                        ---- ブロック2
        文3
        }
```

この場合、次のようにブロック中にブロックがある構成と判断されます。

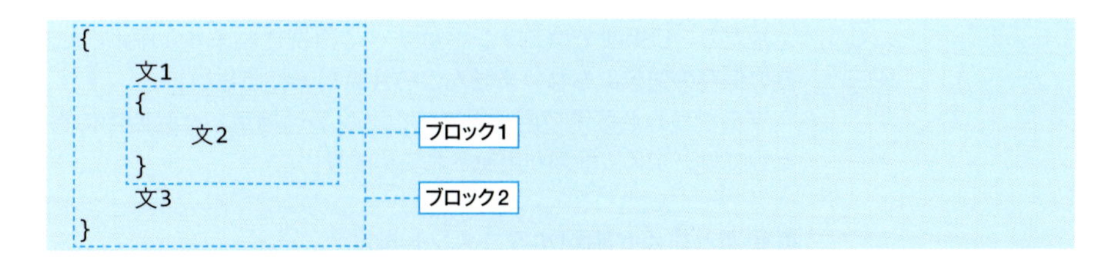

これは、「内側のカッコ同士が対応する」という対応ルールが決められているからです。そのため、プログラム中で一番最後に登場した開き中カッコは、それ以降で一番早く登場した閉じ中カッコと対応することになります*1。

*1 {と}は必ず対応していなければならないので、「{の数」=「}の数」となります。

2-3-3 インデントとフリーフォーマット

＊2 通常は、タブ1つあたり半角2もしくは4文字分の字下げが行われることが多いようです。ただし人にとって読みやすくするために行うことなので、義務ではありません。

＊3 フリーフォーマットはJavaの性能の向上に役立ったり、処理効率を向上させるものではなく、あくまで人間のためにあるものです。しかし、多人数でプログラム開発を行ったり、1つのプログラムを様々な場面で利用することの多い現在では、処理効率よりも読みやすさの方が重視されることが多いのです。

先のブロックの例では、ブロックとその中に含まれるブロックの位置を、少しずらして表示していました（インデント）。こうすると、ブロックの関係が、見た目で直感的にわかるようになります＊2。

インデントと同様、プログラム中の適切な空白や改行は、人間がプログラムの構造を把握する手助けします。文字列など特殊な場合を除き、JShellやJavaのコンパイラはそれらを無視します。例えば次の文は、JShellやコンパイラにしてみればどちらも同じものなのです。

```
a = 10;      //「=」の前後に空白をとった文

a=10;        //「=」の前後に空白を持たない文
```

プログラム中で自由な位置でプログラムを書き始めたり、空白を入れたり改行できることを、フリーフォーマットといいます＊3。この特徴を生かして、人が理解しやすいプログラムの作成を心がけましょう。

例題2-3（2）

Q1 次のブロック群に適切なインデント（段落）を施し、対応関係を明確にしなさい。

```
{{A B {C {{D} E F} G}}}
```

2-3-4 コメント（注釈）

人間がプログラムを読みやすくする別の方法として、コメント（注釈）が挙げられます。プログラム中に記述しても、コメントはプログラムの動作自体に影響を与えません。そのため、以前作成したプログラムを読み直したり、他の人が書いたプログラムを理解するのに有効です。

ただし、JShellではコメントはすべて無視されます。/listでも表示されませんし、/saveでの保存の対象にもなりませんから注意してください。

プログラムと区別できるよう、コメントは指定した範囲内に書きます。範囲指定の方法としては、次の3種類が用意されています。

■始点と終点が明記するコメント指定

▶始点と終点が明記するコメント指定

```
/* この範囲内がコメント */
```

```
/* 複数行の指定も
可能です */
```

「/*」はコメントの始点、「*/」は終点を表しています。ブロックの「{」や「}」と同じと考えると良いでしょう。ただし、コメントの中にコメントを入れ子にはできません。次の例では、最初に出てきた「*/」が、コメントの終わりと判断されてしまいます。

```
/* Javaで使われる/* */ の表記はC言語で使われていたものです */
```

ここまでがコメントと判断されてしまう

■行単位で行うもの

▶行単位のコメント指定

//この場所から行末までがすべてコメント

記述例

```
// Javaで使われる // によるコメント表記は
// C++言語で使われていたものです
```

「//」によるコメントは、コメントの始まりだけを指定します。そこから行末まで、右側すべてがコメントになります。そのため、「/* */」のコメントのように、複数行にまたがったコメントの指定はできません。複数行のコメントにするには、記述例のように、コメントの行数分だけ「//」を使用します。

Javadoc

Javaのプログラムの中には、コメントが/**で始まり、*/で終わるものがあります。

このようなコメントは、Javadocというプログラムによって、Javaプログラム内で定義されている様々な仕様をまとめたマニュアル(Webページ)を生成するための仕組みで利用されます。Javadocは、コメント部分をプログラムに関する情報と判断し、プログラムの著者を記述する@authorやバージョンを示す@version等のタグと呼ばれるものとその後に書かれた情報を元に、HTML形式のマニュアルを生成していきます。

```
01 Javadoc用のコメントの例
02 /**
03  * Javadoc用コメントの例
04  * @author 佐々木整
05  * @version 3.0
06  */
```

2-4 いろいろな「Hello.」

2-1で入力した命令では、ディスプレイにHello.というメッセージを出力させていましたが、このような実行結果を得るための方法は1つだけではありません。Javaのプログラミングを大まかに体験するために、代表的ないくつかの方法で同じようにメッセージを表示させてみることにします。

2-4-1 変数を使ったHello.

第3章で説明する「変数」と「Stringクラス」を使ったプログラムの例です（**リスト2-06**）。変数を使うことで、プログラムの変更や一般化が容易になります。

▼ **リスト2-06**　Hello2.jsh

```
01 String message = "Hello.";
02 System.out.println(message);
```

実行結果

```
jshell> String message = "Hello.";
message ==> "Hello."

jshell> System.out.println(message);
Hello.

jshell>
```

2-4-2 メソッドを使ったHello.

第7章で説明する「メソッド」を用いたプログラムの例です（**リスト2-07**）。メソッドを活用することで、効率よくプログラムを作成することができるようになります。

▼ **リスト2-07**　Hello3.jsh

```
01 public void Say(String m) {
02     System.out.println(m);
03 }
04 
05 Say("Hello.");
```

実行結果

```
jshell> public void Say(String m) {
   ...>     System.out.println(m);
   ...> }
|  次を作成しました: メソッド Say(String)

jshell>

jshell> Say("Hello.");
Hello.

jshell>
```

2-4-3 クラスを使ったHello.

オブジェクト指向プログラミングの重要な概念である「クラス」を利用したプログラムの例です(**リスト2-08**)。Greetsというメッセージを扱うクラスを作成し、それを利用してメッセージHello.を出力させています。クラスについては、**第8章**以降で扱います。

▼ **リスト2-08** Hello4.jsh

```
01 class Greets {
02     String message;
03 
04     void setMessage(String m) {
05         message = m;
06     }
07 
08     public void Say() {
09         System.out.println(message);
10     }
11 
12 }
13 Greets g = new Greets();
14 g.setMessage("Hello.");
15 g.Say();
```

実行結果

```
|  次を作成しました: クラス Greets

jshell> Greets g = new Greets();
g ==> Greets@1e88b3c

jshell> g.setMessage("Hello.");

jshell> g.Say();
Hello.

jshell> 
```

2-4-4 GUIを使ったHello.

GUI(グラフィカルユーザインタフェース)を利用したプログラムの例です(**リスト2-09**)。Javaでは簡単にウィンドウを作成したり、マウスによる操作を行ったりすることができます。GUIについては**第13章**で説明します。

なお、このプログラムには終了ボタンに対する処理が記述されていません。プログラムを終了するときには、コマンドプロンプトから Ctrl + C を入力してプログラムを強制終了させてください。

▼ リスト2-09　Hello5.jsh

```
01 import javax.swing.*;
02 
03 class HelloFrame extends JFrame {
04     HelloFrame() {
05         setTitle("Hello Frame");
06         setSize(200, 100);
07         setLocation(50,25);
08         JLabel label = new JLabel("Hello.");
09         add(label);
10     }
11 }
12 
13 HelloFrame f = new HelloFrame();
14 f.setVisible(true);
```

実行結果

```
|  次を作成しました: クラス HelloFrame

jshell>

jshell> HelloFrame f = new HelloFrame();
f ==> HelloFrame[frame0,50,25,200x100,invalid,hidden,la ... tPaneCheckingEnabled
=true]

jshell> f.setVisible(true);

jshell>
```

2-5 データの表示

これから具体的な解説に入っていく上で、実行結果の表示は欠かせなくなってきます。そこで、「データの表示」について必要最低限なことについて、ここでは解説します。この段階ではすべて理解できないかもしれませんが、本書を読み進める過程で理解できるようになるので、あまり気にせずデータの表示ができるようになることに努めてください。

2-5-1 データを表示し改行する（System.out.println()）

データの表示は「System.out.println()」という命令（メソッドといいます）で行います＊1。println()の前にある「System.out」は、println()メソッドが属する場所を表しています。つまりこの部分は「System.outという場所にあるprintln()メソッドを使う」ということを示しています＊2。

System.out.println()メソッドは、()に含まれる内容を表示し、表示後に改行します。文字列＊3を表示する場合は、さらに「"」（ダブルクォート）で囲まなければなりません＊4。

＊1 メソッドの詳細については**第7章**で解説します。ここでは「機能」という意味で覚えておいてください。

＊2 実は正確な表現ではないのですが、覚えやすさを優先させるためこう覚えておいてください。

▶ 文字列の表示書式（改行あり）

```
System.out.println("表示させたい文字列");
```

記述例

```
System.out.println("Hello,Java!");
```

複数行のデータを表示するには、その行数分System.out.println()メソッドを使います。JShellでは、一つ一つの命令毎に実行されるので、ブロックで命令をまとめましょう。

＊3 文字がいくつか集まったものを文字列といいます。

＊4 文字列を「"」で囲むために、文字列中に「"」を含めることができません。「"」を文字列に含める方法は**3-1-4**を参照してください。

▼ リスト2-10　TwoLines.jsh

```
01 {
02     System.out.println("Hello,");
03     System.out.println("Java!");
04 }
```

実行結果

```
Hello,
Java!

jshell>
```

●JShellの実行結果

JShellでは、1つの命令が入力されると、その結果が直ぐに表示されます。例えば、**リスト2-10**をブロックで括らずに、

```
System.out.println("Hello,");
System.out.println("Java!");
```

と入力しようとすると、

```
jshell>     System.out.println("Hello,");
Hello,

jshell>     System.out.println("Java!");
Java!
```

とそれぞれの命令ごとの出力となります。

命令がどんな働きをしているかを確認するときには判りやすいですが、命令（スニペット）全体を把握するのには向いているとは言えません。

このように全体をブロックで括らずに動作確認することも可能ですが、本書では複数の命令をJShellで動かす場合には、全体をブロックとして表記することとします。

2-5-2 データを表示する（System.out.print()）

改行せずにデータを表示させる際は、System.out.print()メソッドを使います。System.out.println()メソッドと同様、文字列を表示させる場合は文字列を「"」で囲みます。

▶ 文字列の表示書式（改行なし）

```
System.out.print("表示させたい文字列");
```

記述例

```
System.out.print("Java");
```

先ほどの**リスト2-10**を、System.out.print()メソッドに書き換えてみましょう。改行されないため、結果は1行で表示されます（**リスト2-11**）。

▼ **リスト2-11**　OneLine.jsh

```
01 {
02     System.out.print("Hello,");
03     System.out.print("Java!");
04 }
```

実行結果

```
Hello,Java!
jshell>
```

2-5-3 数字や文字の表示

これまでは文字列の表示のみを行ってきましたが、文字列以外に、数値や1文字だけの表示も行えます。

■数値や計算結果の表示

データの範囲を示すために必要だった「"」は、数値や計算結果を表示させる場合は必要ありません＊5。特に、計算結果を表示させる式を「"」で括ると、式そのものが文字列として表示されてしまうので、注意してください（**リスト2-12**）。

＊5 計算のしかたについては**第4章**で詳しく解説します。

▼ **リスト2-12** Calculate.jsh

```
01 {
02     System.out.println( 1 + 1 );
03     System.out.println("1 + 1");
04 }
```

実行結果

```
2
1 + 1

jshell>
```

■文字の表示

「Hello.」など、これまでにディスプレイに表示してきたデータは、「H」や「e」といった文字の集まりでした。この文字の集まり＊6のことを、文字列（String）と呼びます。これに対して、「A」など1字だけの文字のことを、文字（Character）と呼びます（**リスト2-13**）。文字は「"」ではなく「'」（シングルクォート）を使って表示します＊7。

＊6 文字列には、1文字も文字を含まないものも含まれます。0文字の文字列は""と表記し、ヌル文字列と呼びます。

＊7 文字は1文字と決まっているため、文字列のように「"」で範囲を指定する必要はありません。しかし、**第3章**で説明する変数名と区別するため、文字を「'」で括ります。

▼ **リスト2-13** StringCharacter.jsh

```
01 {
02     System.out.println("String");
03     System.out.println('c');
04 }
```

実行結果

```
String
c

jshell>
```

例題2-5(1)

Q1 次の実行結果が出るよう、プログラムリストの空欄を埋めなさい。

実行結果

```
G is the 7th letter.

jshell>
```

```
01 {
02     System.out.[ ① ]([ ② ]);
03     System.out.[ ① ](" is the ");
04     System.out.[ ① ]([ ③ ]);
05     System.out.println("th letter.");
06 }
```

プログラムの文法的／論理的誤りの見つけ方

プログラムの文法的な誤りを修正するということは、エラーメッセージから「プログラムリストのどの部分がどう間違えているのか」を推理し、判断することを意味します。経験が増すに従ってこの推理は的確なものになり、エラーメッセージを一目見ただけで問題点を判断できることが多くなります。しかし、Javaを始めたばかりである場合には、入力したリストと本書のリストを1文字1文字比較し誤りを見つける場面が、何度も出てくるでしょう。そこで、比較的簡単に誤りを見つけられる、初心者向けの方法を紹介します。

●怪しい部分をコメントアウト

2-3-4で説明したように、コンパイラはコメントの部分を読み飛ばしてコンパイル作業を行います。そこで、「怪しい」と思える部分をコメントにしてからコンパイルしてみましょう。コンパイルが正常に終了したら、コメントにした部分に誤りが潜んでいます（厳密には、その部分に必ず誤りが存在するのではなく、誤りに関係した部分がある、ということになります）。複数コメントにした場合は、1つずつコメントをはずしてコンパイルし直していきましょう。

●println()で位置確認

一方、コンパイルは成功したのに計算結果が正しくないなど、実行時に判明する誤り（論理的な誤り）を発見し解決することは、文法的な誤りに比べ、とても大変な作業になります。デバッガと呼ばれる、論理的な誤りを発見するための専用ツールを用いるのが一般的ですが、簡易にはSystem.out.println()メソッドをプログラムリストの要所要所に挿入し、プログラムのどの部分まで実行されたかを確認していくと良いでしょう。

第3章

型と変数

変数を使うと、データを格納しておくことができます。格納したデータを活用することで、複雑な処理を実現させせることができるようになります。プログラムで扱うデータには、数値だったり文字だったりと色々な種類があるため、変数を使うには、まずその変数がどんな種類のデータを扱うかを示さなければなりません。本章では、このデータの格納方法と活用方法について説明します。

3-1 基本データ型の種類

プログラムで扱うすべてのデータには、データの種類を表すデータ型というものが存在します。Javaによってあらかじめ定義されたデータの型を、基本データ型(プリミティブタイプ)といいます。基本データ型は、数値を扱う8つの型と、文字を扱う文字型、そして正しいか正しくないかを示す論理型で構成されます。

3-1-1 基本データ型の概要

例えば「980円」など、商品の値段は必ず整数の値になります。一方、「Programmer」や「技術評論社」などは、数値ではなく文字列データです。「商品の値段は980.12345円です」「技術評論社を10で割ってください」などといわれたら、私たちは普通、変だと気がつきますね。しかし、コンピュータは命令されたことを素直に信じ、実行しようとしてしまいます。そこで、私たちがデータ型によって、データの性質を示してあげる必要があるのです(**図3-01**)。

▼ **図3-01** データ型の構成

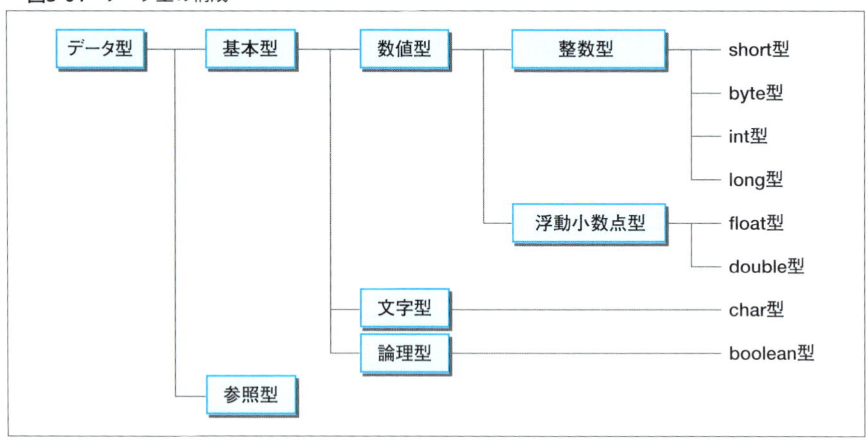

Javaで扱うデータはすべて、**表3-01**に示す何らかのデータ型に属しています*1。

*1 データ型には、参照型もありますが、ここでは基本データ型についてのみ学びます。参照型については**3-5**で詳しく解説します。なお、Java SE 10からは型を明示しなくても、適切な型が選択される。ローカル変数で使用できる型推論が利用できます。

▼ **表3-01** 基本データの型の種類と特徴

型の名前	種類	特徴
整数型	short, byte, int, long	負を含めた整数を扱う
浮動小数点型	float, double	負を含めた実数を扱う
文字型	char	1文字を扱う
論理型	boolean	trueまたはfalseのどちらか

例題3-1(1)

Q1 次の5つの型の中から浮動小数点型を選びなさい

short　boolean　char　float　long

3-1-2 整数型

256や－128など、小数を含まず負を値も含めた（符号付き）整数を扱う型を整数型といいます。この整数型は扱う値の大きさ（下限から上限までの範囲）によって、byte、short、int、longの4種類に分類されます（**表3-02**）。

▼ **表3-02** 整数型

型名	範囲（下限～上限）
byte	-128～127
short	-32,768～32,767
int	-2,147,483,648～2,147,183,647
long	-9,223,372,036,854,775,808～9,223,372,036,854,775,807

このように、扱える数値の範囲はbyteが最小、longが最大の包含関係になっています。

値がlong型であることを示すには、その値の最後に接尾辞「L」または「l」をつける必要があります＊2。接尾辞をつけないと、int型と見なされます。

また、int型を利用しても、値がbyte型やshort型の許容範囲内であれば、型を自動的に読みかえてくれます＊3。接尾辞をつけないlong型も同様です。

＊2 エルの小文字lは1と間違えやすいので、一般には大文字のLが使われます。

＊3 値がbyteやshort型であることをあらかじめ明確に示しておくには、値の前に(byte)や(short)を付加します。これをキャストといいます。詳細は**3-3**で解説します。

```
1234567890        //int型の数値
1234567890L       //long型の数値
```

なお、整数型は、**10進数**、**8進数**、**16進数**で表現することができます。8進数の場合は値の前に「**0**」（ゼロ）を、16進数の場合は「**0X**」または「**0x**」（ゼロ・エックス）を付けて表現します。

```
0144              //8進数
0x64              //16進数
```

例題3-1（2）

Q1 次の4つの型を、範囲が小さい順に並べ替えなさい。

long　int　byte　short

Q2 byte型の範囲を示している選択肢を選びなさい。

A　－128 ～ 128
B　－127 ～ 128
C　－128 ～ 127
D　0 ～ 256

3-1-3 浮動小数点型

浮動小数点型は、小数を含む値（実数）を扱う型です。小数を扱う際は、値の規模ではなく精度、つまり小数点以下何桁まで扱えるかが重要な問題になります。桁の範囲が小さいと、それだけ誤差を含む可能性が出てきます。例えば、円周率使ったプログラムを作成する場合、intなどの整数型では3として計算しなければなりません。計算精度を上げるには小数で円周率を扱うことになりますが、3.14で計算（それ以降は切り捨て）するか、3.14159265358 97932384626として計算するか、というようにどこまで正確に表現するかが問題となります。

浮動小数点型には、精度の違うfloatとdoubleの2種類の型が用意されています（**表3-03**）。

▼ **表3-03　浮動小数点型**

型名	範囲
float	$-3.40282347 \times 10^{38}$ 〜 $3.40282347 \times 10^{38}$
double	$-1.79769313486231570 \times 10^{308}$ 〜 $1.79769313486231570 \times 10^{308}$

実数を表すには、次の3通りの方法が考えられます＊4。

＊4　Javaでは、1つめの「そのまま表記」と、3つめの「科学表記」を利用することができます。

❶ 10進数表記

```
0.0123
```

値をそのまま表記します。最も手軽に表記できますが、桁が深まると書きにくくなります。

❷ 指数表記

1.23×10^{-2}

指数を使って表記します。10^{-2}は10の-2乗（0.01）を表します。桁が深まっても指数が増えるだけなので、コンパクトに表記することができます。

❸ 科学表記

```
1.23E-2
1.23e-2
```

指数を使った表記を、科学表記で書き表した表記です。指数を使った表記よりも、さらにコンパクトに表記することができます。指数の科学表記「E」は、大文字と小文字、どちらで表記しても構いません。

なお、整数型のlongと同様、float型とdouble型の値にも接尾辞をつけます。float型の場合は「F」「f」、double型の場合は「D」「d」です（**表3-04**）。

▼ 表3-04　浮動小数点型の接尾辞

型	接尾辞	例	
float	f	0.0123f	1.23E-2f
	F	123.45F	1.23E+2F
double	d	0.6789012345d	6.789012345E+1d
	D	6789.012345D	6.789012345E+3D

例題3-1(3)

Q1　次の値の型を答えなさい。

1)　0.123
2)　1.0
3)　5F

3-1-4 文字型

「A」や「あ」といった文字を1文字扱うのが文字型です。Javaではchar型といいます。文字であることを示すために、扱う文字を「'」で囲みます。

```
'A'
'あ'
```

コンピュータの内部において、文字は1文字1文字につけられた、文字コードと呼ばれる番号(数値)で処理されています。Javaでは、Unicodeという文字コードを使用します。従ってchar型で扱うことのできる文字の範囲もまた、このUnicodeが指定する数値の範囲に準拠します。

Unicodeで文字を指定する場合、「¥u」の後に16進数で表記したコード番号を記述します。この「¥u」を、Unicodeエスケープといいます。

また、「¥」や「'」など、文字の表現のために用いられる文字を指定したり、バックスペースやタブなど、文字で表現できないものを表すために、エスケープ・シーケンスという特別な記号が用意されています。エスケープ・シーケンスで表現する必要がある文字を、**表3-05**に示します＊5。

＊5 エスケープシーケンスを用いた記述では2文字の記述になりますが、1文字を表しているため、文字列を表す"(ダブルクォート)ではなく、'(シングルクォート)を用います。

▼ 表3-05　エスケープ・シーケンス

文字	エスケープ・シーケンス	Unicodeエスケープ
バックスペース	¥b	¥u0008
水平タブ	¥t	¥u0009
改行	¥n	¥u000a
改ページ	¥f	¥u000c
復帰(carriage return)	¥r	¥u000d
ダブルクォート	¥"	¥u0022
シングルクォート	¥'	¥u0027
¥マーク(またはバックスラッシュ)	¥¥	¥u005c

＊6 使用するコンピュータやOSによっては¥がキーボードになかったり、ディスプレイに表示されない場合があります。その場合は、\（半角のバックスラッシュ）を入力してください。ただし、Macでプログラムを入力するときには\ではなく、Optionキーを押しながら\を押して\（半角のバックスラッシュ）を入力します。\キーだけで入力すると正しく処理がなされないので注意しましょう。

では、エスケープ・シーケンス＊6を使用した例を見てみましょう（**リスト3-01**）。

▼ **リスト3-01**　EscapeSequence.jsh

```
01 {
02     System.out.print("文字と文字の間が");
03     System.out.print('¥t');
04     System.out.println("これだけ離れます。");
05 
06     System.out.print("改行前");
07     System.out.print('¥n');
08     System.out.println("改行後");
09 
10     System.out.print("ダブルクオートは");
11     System.out.print('¥"');
12     System.out.print("シングルクオートは");
13     System.out.print('¥'');
14     System.out.print("バックスラッシュは");
15     System.out.println('¥¥');
16 }
```

実行結果

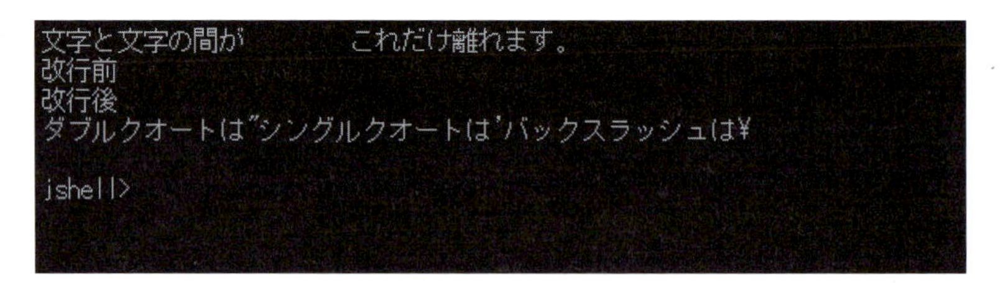

```
文字と文字の間が        これだけ離れます。
改行前
改行後
ダブルクオートは"シングルクオートは'バックスラッシュは¥

jshell>
```

なお、本来Javaでは、文字型は符号のない数値（0〜65,535）として、整数型の1つに分類されています。

例題3-1（4）

Q1　Hello.の後に改行が入るようプログラムリストの空欄を埋めなさい。

```
{
    System.out. [ ① ] ("Hello. [ ② ] How are you?");
}
```

3-1-5 論理型

＊7 true／falseは値ですので、"（ダブルクォート）で囲みません。"を使うと文字列になってしまうので注意が必要です。

論理型は、true（真）とfalse（偽）の2種類の値＊7のみを保持する型で、**boolean**といいます。trueやfalseは数値ではありませんが、文字列でもないので「"」や「'」で囲んではいけません。他の型と比べてその働きがぴんと来ないかもしれませんが、「0か1か」というように、状況を2極で判断するコンピュータにとっては、大変重要なデータ型といえます。

具体的な使用方法は**第4章**で解説します。ここでは、「真か偽か」のみを扱う型があるとだけ覚えておいてください（**リスト3-02**）。

▼ リスト3-02　Bool.jsh

```
01 {
02     System.out.println("論理型で真は" + true);
03     System.out.println("論理型で偽は" + false);
04 }
```

実行結果

```
論理型で真はtrue
論理型で偽はfalse

jshell>
```

例題3-1 (5)

Q1　次の文章の空欄を埋めなさい。

［　①　］型は、真を表す［　②　］と偽を表す［　③　］の、2種類の値だけを持つ。

3-1-6 書式を指定してデータを表示する（Sysmtem.out.printf()）

System.out.print()やSystem.out.Println()を使うと、ディスプレイに値を表示することができましたが、桁を指定したり1,000などのようにカンマ区切りで表示させることはできませんでした。

どのように表示させるかという書式を指定して表示するには、System.out.printf()メソッドを使用します。

▶ 書式指定

```
System.out.printf("書式指定文字列", 値);
```

記述例

```
System.out.printf("%d", 12345);
```

■型を指定した表示

値をどのような型として表示するかを、書式指定文字列で指定してすることができます（**表3-06**）。書式指定文字列は%と変換指定子で表現します（**リスト3-03**）。

▼ 表3-06　変換指定子と働き

変換指定子	型	働き
d	整数型	整数として表示
f	浮動小数点型	10進数表記で表示
e	浮動小数点型	指数表記で表示
c	文字型	文字で表示
b	論理型	論理値（true/false）で表示
s	文字列	文字列で表示

▼ **リスト3-03** Format1.jsh

```
01 {
02     System.out.printf("整数で表示：%d¥n", 12345);
03     System.out.printf("10進数表記で表示：%f¥n", 123.45);
04     System.out.printf("科学表記で表示：%e¥n", 123.45);
05     System.out.printf("文字で表示：%c¥n", 'J');
06     System.out.printf("論理値で表示：%b¥n", true);
07     System.out.printf("文字列で表示：%s¥n", "Java");
08 }
```

実行結果

```
整数で表示：12345
10進数表記で表示：123.450000
科学表記で表示：1.234500e+02
文字で表示：J
論理値で表示：true
文字列で表示：Java

jshell>
```

「整数で表示：」など、他の文字列と合わせて書式指定文字列を使用できる点に特に注意してください。

また、書式指定文字列は複数使用することができます。

▶ **複数の書式指定**

```
System.out.printf("書式指定文字列1 書式指定文字列2 ...", 値1, 値2, ...);
```

記述例

```
System.out.printf("%d%s", 12345, "Hello.");
```

最初の書式指定文字列(%d)に値1が対応し整数として表示され、2つ目の書式指定文字列(%s)に値2が対応して文字列として表示されます(**リスト3-04**)。

▼ **リスト3-04** Format2.jsh

```
01 {
02     System.out.printf("整数で表示：%d¥n10進数表記で表示：%f¥n", 12345, 123.45);
03     System.out.printf("科学表記で表示：%e¥n文字で表示：%c¥n", 123.45, 'J');
04     System.out.printf("論理値で表示：%b¥n文字列で表示：%s¥n", true, "Java");
05 }
```

実行結果

```
整数で表示：12345
10進数表記で表示：123.450000
科学表記で表示：1.234500e+02
文字で表示：J
論理値で表示：true
文字列で表示：Java

jshell>
```

3-1-7 桁などを指定した表示

さらに、次の変換指定子を合わせて使用すると、桁などを指定した表示を行えます（**表3-07**、**リスト3-05**）。

▼ **表3-07** 変換指定子と働き

変換指定子	働き
数値	最小桁数を指定
0数値	0埋めで表示
,	カンマ区切り
-	左詰
n	改行

▼ **リスト3-05** Format3.jsh

```
01 {
02     System.out.printf("整数で表示：%,d%n10進数表記で表示：%020f%n", 12345, 123.45);
03     System.out.printf("科学表記で表示：%-20e文字で表示：%3c%n", 123.45, 'J');
04     System.out.printf("論理値で表示：%5b%n文字列で表示：%5s%n", true, "Java");
05 }
```

実行結果

```
整数で表示：12,345
10進数表記で表示：0000000000123.450000
科学表記で表示：1.234500e+02        文字で表示：  J
論理値で表示： true
文字列で表示： Java

jshell>
```

3-2 変数

System.out.println()等を使えば、プログラム中で計算した結果をディスプレイに表示させることはできます。しかし、計算結果を記憶しているわけではありませんから、その計算結果を利用して、別の計算を行うといったことは、このままではできません。そこで変数の登場です。ここでは**3-1**で学んだ基本データ型をベースに、変数とは何かを説明していきます。

3-2-1 変数と定数

例えば、底辺の長さが1で高さが2の三角形の面積を求めるには、「1×2÷2」とすれば良いですね。しかし「L×H÷2」としておき、そのつどLに底辺の長さ、Hに高さを当てはめたほうが、他の三角形にも対応させることができます。このLやHのように、ある値を表すため便宜上付けられた名前を、変数といいます（**図3-02**）。

▼ **図3-02** 変数にすると・・・

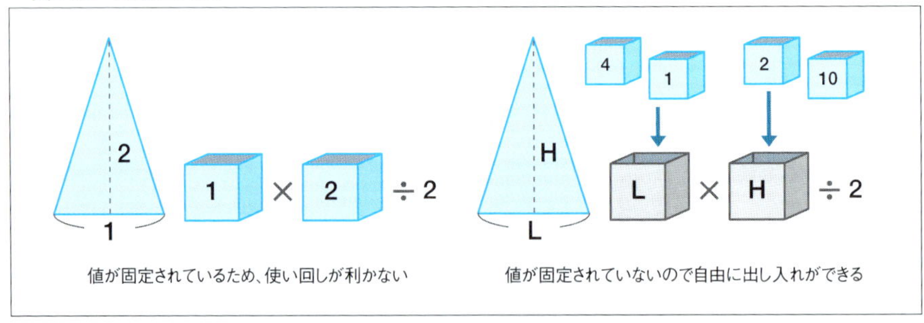

その名が示すとおり、変数は表す値を変えられます。そして箱の中身がどんな値であっても、箱の名前はLやHのままで変わりません。そのため中身を意識せず、箱ごとその値を扱うことができます（**図3-03**）。

▼ **図3-03** 変数の使い方

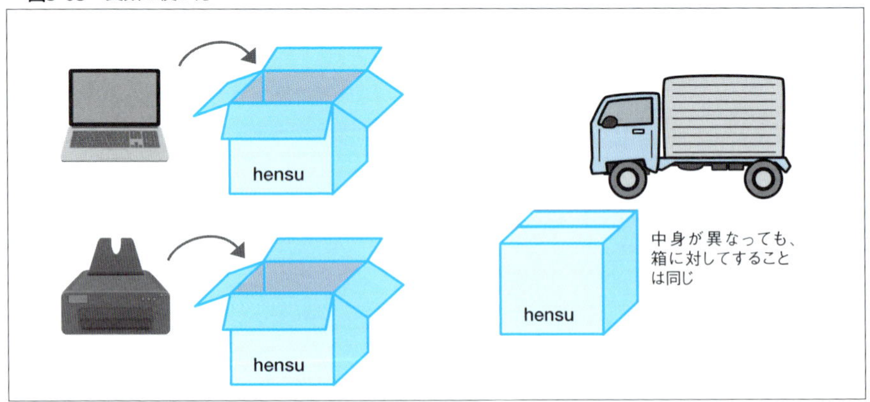

このように便利に使える変数ですが、変数（箱）には、一度に1つの値しか保存することができません。新しい値を保存するには、それまで保存しておいた値を取り出さなくてはならないのです。取り出されたデータは、そのまま消えてしまいます。

最初に保存した値を変化できない変数も作成可能です。このような変数を、定数といいます。例えば、円周率3.14をPIという名前で呼ぶとします。このとき、PIを定数に設定することで、今後この値は変えられなくなります。

一方、「L×H÷2」という式における値2も、LやHがどんな値をとったとしても、2であり続けます。この2は定数と違って値の実体なので、変化せず、名前も持ちません。こういった具体的な値は定数ではなく、リテラルといいます。

例題3-2(1)

Q1 次の文章の空欄を埋めなさい。

定数は［　①　］が変化することを禁じた［　②　］である

3-2-2 変数の宣言

すべての変数や定数は、プログラム中で使用する前に、まず宣言をする必要があります。宣言とは、使うデータの型に合った箱をコンピュータに用意してもらい、その箱に名前を付ける作業です。宣言をしなければ、値を箱にしまうことも、箱から値を参照することもできません。

変数の宣言は変数を使う必要が生じたときに、次の形式で行います。

▶ **変数の宣言**

```
型 変数名*1;
```

```
int hensu;
```

int型の変数としてhensuを宣言

＊1 厳密には、変数にはスコープという有効範囲が存在し、その範囲内で重複した名前を持つことが制限されます。宣言のタイミングも、このスコープに影響します。スコープについては**3-2-6**で解説します。

定数の宣言の場合は、最初にfinalを付けます。ただし、同じ変数名や定数名を複数宣言することはできません。なお、型が同じであれば、複数の変数を同時に宣言することも可能です。

```
int hensu1, hensu2, hensu3;
```

変数名は、プログラマが自由に設定することができます。ただし、次の3つのルールを守らなければなりません。

●ルール1：1文字目は文字でなければならない

```
int 007;
```

数字（0～9）や記号（!や#など）は、変数名の1文字目に使用することはできません。

●ルール2：1文字目以降は文字か数字でなければならない

```
int Hello!;
```

記号（!や#など）は、1文字目以外でも使用することができません。

＊2 **3-1-5**で紹介した論理型で用いるtrueとfalseは予約語ではありませんが、定数（リテラル）なので変数名として使うことはできません。また、**3-2-5**で紹介するvarも予約語ではありませんが、変数名として扱われます。

●ルール3：予約語は使用できない

```
int synchronized;
```

Javaには、文法上使用があらかじめ指定されている名前があります。これを予約語といいます。変数名には、この予約語と同じ名前を使用することはできません。ただし、privateRoomやnewPackageのように、予約語を組み合わせた名称は使用できます。Javaの予約語は**表3-08**のとおりです＊2。

▼ **表3-08**　予約語一覧

abstract	continue	for	new	switch
assert	default	if	package	synchronized
boolean	do	goto	private	this
break	double	implements	protected	throw
byte	else	import	public	throws
case	enum	instanceof	return	transient
catch	extends	int	short	try
char	final	interface	static	void
class	finally	long	strictfp	volatile
const	float	native	super	while
_（アンダースコア）				

この他、必須のルールではありませんが、慣習的にJavaプログラミングで用いられているルールとして、次の2つがあります。

●変数の最初の単語の頭文字を小文字、以降の単語の頭文字を大文字にする

```
int privateRoom, newPackage;
```

2つ以上の単語で構成される変数名では、単語の区切りがわかりやすいように、2つ目以降の単語での頭文字を大文字にします。

●定数はすべて大文字で単語の区切りは「_」（アンダースコア）

定数はすべて大文字で表記し、変数との混乱がないようにします。また、2つ以上の単語で構成される場合は、MAX_SCOREのように「_」（アンダースコア）を使って区切ります。

例題3-2(2)

Q1 変数名として利用できるものを1つ選び、その理由を答えなさい。

Ⓐ super
Ⓑ GiveMe＄Money
Ⓒ Else
Ⓓ 090TelNumber

3-2-3 変数・定数への代入と表示

ここまでは、「値を格納する箱」として、変数を宣言する方法を解説しました。その箱に値を保存するには、「=」(代入演算子)を使います。

▶ 変数・定数への値の代入

```
変数か定数 = 値;
```

```
hensu = 3;
TEISU = 5;
```

「=」は「等しい」という意味ではなく、「右辺の値を左辺に代入する」働きを持ちます。従って次のように書くと、「変数iの値を3に代入せよ」という命令になってしまいます。左辺は変数ではなくリテラルなので、代入することはできません。代入される側は、必ず変数か定数*3である必要があります。

*3 定数は一度しか代入することができません。

```
3 = i;     //変数iの値を3に代入
```

逆に右辺・左辺ともに変数である場合は代入可能です。次の例では、変数jの値が変数iに代入されるため、iの値は最終的には2になります*4。

*4 変数iの当初の値1は、変数jの代入によって2に上書きされ、消えてしまいます。

```
int i,j;

i = 1;
j = 2;
i = j;
```

変数の代入は右側から行われるので、次のような記述も可能です。この場合、2の代入を繰り返すことで、4つの変数すべてに2を代入できます。

```
int i, j, k, l; ------4つのint型変数を宣言

i = j = k = l = 2;
```

右辺から左辺へ、という代入の仕組みが分かれば、次の計算も理解できるでしょう。「=」の右辺にある変数iの値は、-5です。これに10を加えた値を、左辺である変数iに代入しなおしています。つまり変数iの値は、-5から5に変化します。

```
int i

i = -5;
i = i + 10;
```

変数の宣言と初期化が正しくできているか、次のプログラムで確認してみましょう（**リスト3-06**）。確認のために、このプログラムでは変数の値をprintln()メソッドを使って表示させています。2行目でint型変数hensuを宣言し、3行目で整数123を代入しています。4行目では「hens = 」という文字列を表示させ、5行目で変数hensuに格納されている値を表示させています。

このように、変数の値を表示させる場合はprint()メソッドやprintln()メソッドで変数名を直接記述します。hensuではなく"hensu"と書いてしまうと、変数ではなく文字列（リテラル）として処理されhensuと表示されることになります。

▼ **リスト3-06** HensuPrint.jsh

```
01 {
02     int hensu;
03     hensu = 123;
04     System.out.print("hensu = ");
05     System.out.println(hensu);
06 }
```

実行結果

```
hensu = 123

jshell>
```

3-2-4 変数の宣言と初期化

次のように、変数の宣言と同時に、変数に値の代入して初期化を行うことができます。

▶ **変数の初期化**

```
型 変数名 = 値;
```

```
int hensu = 3;
```

さらに応用的な書き方として、次のような書式も可能です。

▶ **複数の変数宣言と初期化**

```
final 型 変数名1 = 値1, 変数名2 = 値2, ・・・ 変数名n = 値n;
```

▶ **複数の変数宣言と一部初期化**

```
final 型 変数名1, 変数名2, ・・・ 変数名m = 値m, 変数名n = 値n;
```

変数の初期化処理を行うプログラムを**リスト3-07**に示します。このサンプルでは、変数名をそれぞれの型の頭文字にしています。

▼ リスト3-07　DataType.jsh

```
01 byte b = 1;
02 short s = 234;
03 int i = 56789;
04 long l = 1234567890L;
05 float f = 1.23F;
06 double d = 0.000456;
07 char c = 'A';
08 boolean bool = true;
09 {
10     System.out.println("byte¥t" + b);
11     System.out.println("short¥t" + s);
12     System.out.println("int ¥t" + i);
13     System.out.println("long¥t" + l);
14     System.out.println("float¥t" + f);
15     System.out.println("double¥t" + d);
16     System.out.println("char¥t" + c);
17     System.out.println("boolean¥t" + bool);
18 }
```


実行結果

```
byte    1
short   234
int     56789
long    1234567890
float   1.23
double  4.56E-4
char    A
boolean true

jshell>
```

例題3-2(3)

Q1　float型の定数PIを定義し、その値を3.14としなさい。

Q2　int型の変数a、b、cを宣言し、それぞれ6、-3、2に初期化しなさい。

3-2-5 型推論による変数宣言

*5 Java SE 9以前のバージョンには型推論の機能はなく、varを使用することができません。

変数宣言と同時に初期化を行うのであれば、初期化に用いる値がどの型に属するかによって、変数がどの型でなければならないかを判断することができます。varを使用すると、初期化する値に適した型で変数宣言を行うことができます*5。

▶ 型推論による変数の宣言

```
var 変数名 = 値;
```

```
var num = 100;   int num = 100; として機能
var pi = 3.14;   double pi = 3.14; として機能
```

型推論によって、変数がどんな型で宣言されたかは、JShellコマンドの/varで確認できます。

3-2-6 変数の有効範囲（スコープ）

3-2-2では「宣言は変数を使う必要が生じたときに行う」と説明しました。しかし「一度宣言したらいつまでも利用できる」わけではありません。変数には有効範囲があり、有効範囲の外では、その変数を使用することができないのです。この有効範囲のことを、スコープといいます。

スコープは次のように、ブロックの影響を受けます。

●ブロックの中で宣言された変数はそのブロック内でしか使用できない

```
{
    int a;
    a = 123;
}
a = 456;   変数aが宣言されたブロックの外でaを使うことはできない
```

ただし、ブロックの中にブロックがある場合、外側のブロックで宣言した変数は、内側のブロックでも使用することができます。内側で宣言した変数は当然、外側のブロックで使用することはできません。

また、外側のブロックで宣言された変数を、スコープ内で使っても支障ありませんが、この変数と同じ名前で変数を宣言するとエラーになります。

●ブロックの外側で宣言した変数と同じ名前の変数を宣言することはできない

```
{
    int a = 12;

    {
        int a = 34;   外側のブロックで宣言した変数aが有効なので、
        int b = 56;   同じ変数名で宣言することはできない
    }

    a += b;   内側のブロックで宣言した変数bは使用できない
}
```

スコープの外であれば、同じ名前の変数を宣言することはできます。しかし、特別な用途以外では、変数を同じ名前でいくつも宣言することは、プログラムの保守上、好ましくありません＊6。

＊6 for文（**6-1**）などで、ループの数を数えるために使われるiは、特別な用途に用いられる変数の代表といえます。

例題3-2(4)

Q1 次のプログラムで、エラーになる変数をあげなさい。

```
01 {
02     int a = 1;
03     {
04         int b = 2;
05         {
06             {
07                 int c = 3;
08                 a = 3;
09                 b = 6;
10                 c = 9;
11             }
12             a = 2;
13             b = 4;
14             c = 6;
15         }
16         a = 1;
17         b = 2;
18         c = 3;
19     }
20 }
```

値が変わらない変数(final)

変数は、代入によって格納する値を変更することができますが、代入を一度しか行えなくすることで、変数を定数として扱うことができます。finalを変数宣言の前に記述することで、代入が1回しか行えない変数をつくります。ただし、JShellではfinalを使った変数の宣言ができません。コラム JShellが使えないときには(Java SE 8以前の場合)や**第7章**で説明する方法で動作確認をしてください。
変数の宣言と同様に、初期化も合わせて行うことができます。

▶ 定数の宣言

```
final 型 定数名;
```

▶ 定数の初期化

```
final 型 定数名 = 値;
```

記述例

```
int hensu = 3;

final double PI = 3.14;
```

3-3 キャスト

3-1で学んだように、整数を扱う型にはbyte、short、int、longの4種類が用意されており、それぞれ扱える値の種類が異なります。同じ整数を扱ってはいても、変数によって型が異なる場合、型の変換が必要になる場合があります。

3-3-1 ワイドニング変換

例えば、short型とlong型の2つの変数があったとき、これらの間では、次の2つの代入演算が考えられます。

```
long型変数 = short型変数    long型変数にshort型変数の値を代入
short型変数 = long型変数    short型変数にlong型変数の値を代入
```

これらの代入のうち、「long型変数＝short型変数」は何の問題もなく行われます。これは、**3-1-2**で説明したようにshort型＊1で扱う数値の範囲を、long型が完全に包含しているからです（**図3-04**）。

＊1 short型であった値がlong型に変換されて変数に代入されるのですが、この変換操作は自動的に行われます。

▼ **図3-04** long型←short型

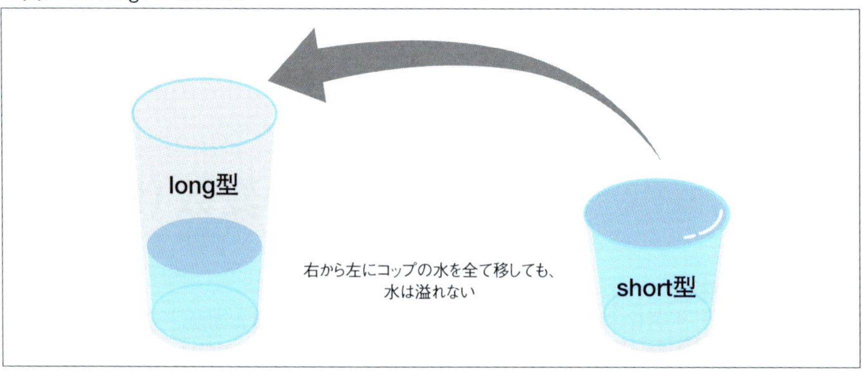
long型
short型
右から左にコップの水を全て移しても、
水は溢れない

このような型の変換を、ワイドニング変換といいます。ワイドニング変換が可能な型は**表3-09**のとおりです。この表からもわかるように、double型はワイドニング変換はできません（**リスト3-08**）。

▼ **表3-09** ワイドニング変換が可能な基本型

変換前の型	変換可能な型				
byte	short	int	long	float	double
short		int	long	float	double
int			long	float	double
long				float	double
float					double
double					
char		int			

▼ リスト3-08　WideningConversion.jsh

```
01 {
02     short s = 123;
03     long l;
04 
05     l = s;
06     System.out.println("l = " + l);
07 }
```

実行結果

```
l = 123

jshell>
```

例題3-3（1）

Q1　**short型からワイドニング変換が可能な基本データ型をすべて挙げなさい。**

3-3-2 ナローイング変換

大きい範囲が扱えるデータ型から、小さい範囲しか扱えないデータ型へ代入することを、ナローイング変換といいます（**図3-05**）。

▼ 図3-05　short型←long型

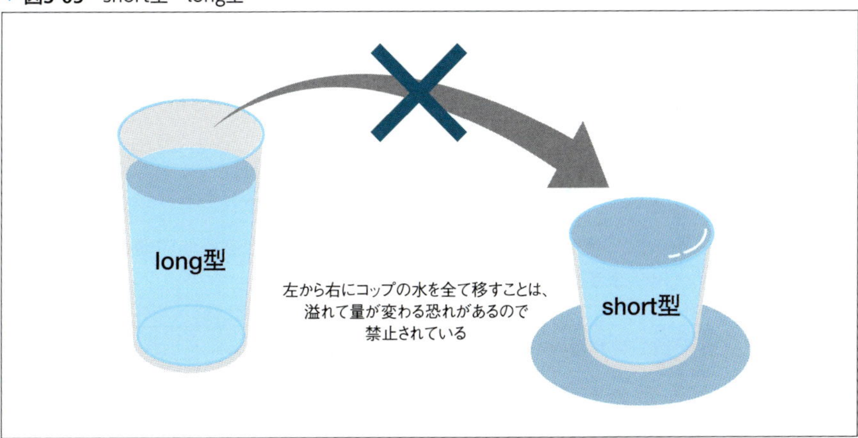
long型
左から右にコップの水を全て移すことは、
溢れて量が変わる恐れがあるので
禁止されている
short型

「short型変数＝long型変数」のナローイング変換の場合、short型にはlong型の扱える範囲の一部しかデータを格納することができません。そのため、long型変数をshort型に代入すると、long型変数の一部分が切り取られて代入されてしまいます。その結果、正しい値が代入されず、データの変質が生じてしまいます。

ナローイング変換はプログラム誤動作の原因となるため、次の**リスト3-09**のようにエラーになります。

▼ リスト3-09　NarrowingConversion.jsh（エラーが発生します）

```
01 {
02     long l = 1234567890L;
03     short s;
04 
05     s = l;    // short型変数にlong型変数を代入
06     System.out.println("s = " + s);
07 }
```

3-3-3 型のキャスト

　プログラムの作成過程によっては、大きい型から小さい型へ値を代入しなければならない場合もあります。そこで、変換することをキャストによって明示することで、ナローイング変換の場合でも、エラーが出ないようにすることができます（**図3-06**）。

▼ **図3-06**　short型←long型（キャストした場合）

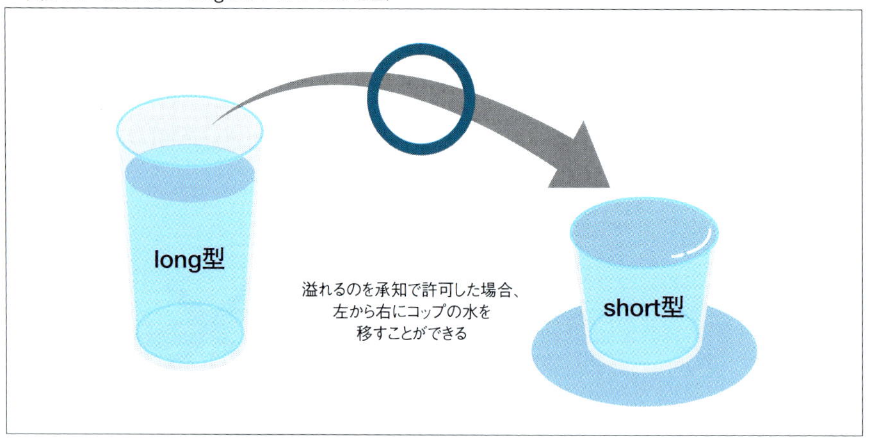

　キャストは次のように、変換の対象となる値の前に、変換後の型を（）でくくって記述します。

▶ **型のキャスト**

```
右辺 = (右辺の型) 左辺;
```

```
long big = 1234567890L;
short small;

small = (short)big;
```

　キャストで型を指定することで、その数値の型を、明示的に変換することができます。もっとも、キャストを行っても、変換を通じたデータの変質を防止できるわけではありません。プログラマが「データが変質する可能性があるけれども、それでも構わない」という意思表示をし、それを受けて、Javaがナローイング変換をしているだけなのです。そのため、データの変質する可能性がないワイドニング変換時は、キャストする必要はありません*2。
それでは、エラーが発生したNarrowingConversion.jshを、キャストを使って書き換えてみましょう(**リスト3-10**)。

*2 キャストする必要がないだけで、記述してもエラーにはなりません。

▼ **リスト3-10** CastConversion1.jsh

```
01 {
02     long l = 1234567890L;
03     short s;
04 
05     s = (short)l;      // long型変数をshort型にキャスト
06     System.out.println("s = " + s);
07 }
```

実行結果

```
s = 722

jshell>
```

コンパイルは通りますが、実行結果は正しい値「1234567890」になりません*3。このように、キャストは型変換を強行するものであり、正しい値を得るための追加機能などはないことに注意しましょう。

*3 short型の扱える範囲を超えた値を無理やり代入してオーバーフロー(桁あふれ)を起こしたため、負の値になっています。

3-3-4 異なる種類の型へのキャスト

例えば、円周率3.14を、整数型変数に代入するとします。整数型変数は整数しか扱えないため、この代入によって、小数点以下の情報「.14」が失われてしまいます。このように、浮動小数点型変数から整数型変数に値を代入する際もナローイング変換が起きるので、強行する場合はキャストが必要になります(**図3-11**)。

▼ **リスト3-11** CastConversion2.jsh

```
01 {
02     double pi = 3.14;
03     int p;
04 
05     p = (int)pi;
06     System.out.println("p = " + p);
07 }
```

実行結果

```
p = 3

jshell>
```

例題3-3 (2)

Q1 次のプログラムリストの空欄を埋めなさい。

```
01 {
02     int a = 12345;
03     short b = -67;
04     double c = 890.1234;
05 
06     b = [  ①  ] a;
07     a = [  ②  ] c;
08 
09     System.out.println(a);
10     System.out.println(b);
11     System.out.println(c);
12 }
```

文字列へのキャスト

String.valueOf()というメソッド（メソッドについては、**第7章**で詳しく説明します）を使用すると、String型（文字列）に変換することができます。

```
01 {
02   int a = 10;
03   String num = String.valueOf(a);
04 }
```

このスニペットを実行すると変数aの値は文字列に変換され変数numに代入されます。つまり、この10は数値（int型）ではなく文字列（String）になっています。Stringですので、**3-5-2**で説明するlength()メソッドも使用できます。

```
01 {
02   int a = 10;
03   String num = String.valueOf(a);
04   System.out.println(num);
05   System.out.println(num.length( ));
06 }
```

```
10
2

jshell>
```

反対に、文字列からintなどの方に変換する方法は、**10-1-2**を参照してください。

3-4 配列

1つの変数は1つの値しか持つことができません。そのため、月々の売上データや、生徒1人1人の成績データを変数にしまって処理を行うには、各年ごとに12か月分の変数を用意したり、個々の生徒に対して変数を用意しなくてはなりません。そこで、同じ型の変数をまとめて処理ができるように、配列というものが用意されています。

3-4-1 配列の概要

配列はデータの集まりですが、変数をただ集めたものではありません。変数を「箱」と考えると、配列は複数の箱を積み重ねた「タンス」に相当します（**図3-07**）。

▼ 図3-07　変数と配列

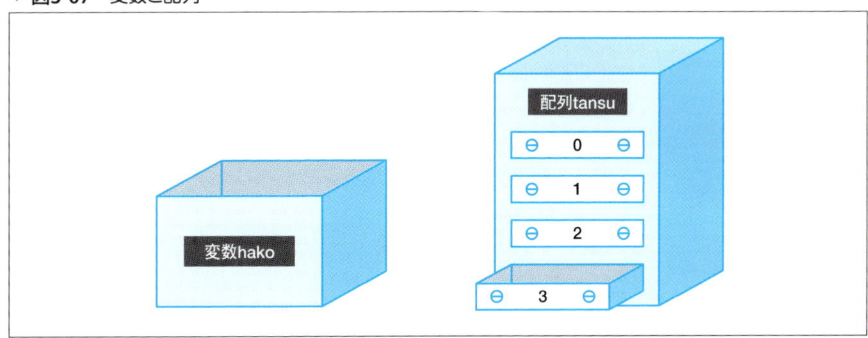

タンス自体は1つですが、上から順に「0番目の引き出し、1番目の引き出し…」と、個々の引き出しに番号が付けられます。この通し番号を、配列の添え字といいます。データは個々の引き出しに格納されるので、複数のデータを格納できます。このように、タンス1つとしてだけでなく、添え字を通じて個々の引き出しも利用することができるのです＊1。

＊1 同じ型の変数の集合が配列ですが、配列自体も変数の一種です。ただし、配列変数が表しているのは個々の引き出しではなく、タンスそのものです。従って配列変数はこれまでに登場した基本型ではなく、参照型になります。

3-4-2 配列の宣言

配列を使用するためには、他の変数と同様に宣言が必要です。配列の宣言は、型名と変数名の他に、配列であることを示す[ ]を使って行います。

書式

▶ 一次元配列の宣言

型名[ ] 配列名;
または
型名 配列名[ ];

記述例

```
int[] a;
double b[];
```

前者の後者の「型名[ ] 変数名;」という宣言方法は「～型配列の変数を宣言する」という意味合いが強く出ています。一方、「型名 変数名[ ];」という宣言方法は、「～型の変数を配列として宣言する」という意味合いが強い表現です。どちらも、指定したほうの配列変数を宣言する意味において違いはありません。

例題3-4(1)

Q1　次の配列を宣言しなさい。

1）　short型の配列sh
2）　int a[]; を別の記述で

3-4-3 配列の作成

これまで扱ってきた変数は、「データを1つずつしか扱わないこと」が自明であったため、それを明記する必要がありませんでした。しかし配列の場合、複数のデータをまとめて扱うことができるので、データをいくつ格納できるのか、規模を決めなければなりません。つまり配列変数を宣言しても、まだタンスの名前を決めただけであって、引き出し自体を作成してはいないのです。

ここでいう引き出しのことを、配列の要素といいます。要素にアクセスするには、「new」を使って要素の実体を作成する必要があります＊2。

▶配列オブジェクトの作成

```
配列名 = new 型名[要素数];
```

記述例

```
array = new int[100];
```
要素数が100のint型配列arrayを作成

こうすることで、「指定した数だけ引き出しを持ったタンス」arrayを作成できます。ここで使われている代入演算子「=」は、「new演算子で作った要素」と「配列として宣言した名前」を結び付けています＊3。

＊2　この「実体」のことをオブジェクトといいます（**第8章**で解説）。また、「new」は演算子というものの1つです（**第4章**で解説）。ここでは「配列の要素を作成する場合はnewを使う」とだけ覚えておいてください。

＊3　例えるなら、工場から出荷されたタンスを、指定した商品名（宣言した名前）で出荷するようなものです。

▼ 図3-08　配列宣言

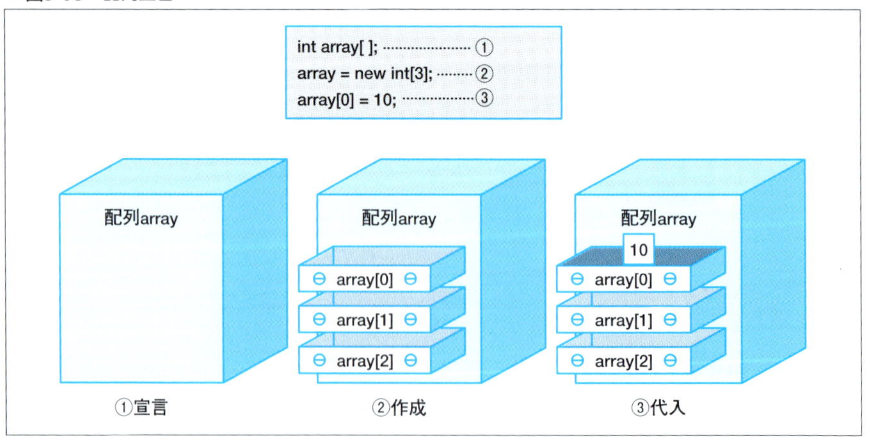

要素は必ず0番から添え字がつけられるので最後の要素は添え字が「要素数-1」になります。例えば、要素数100の配列arrayを作成した場合、添え字は0番から99番までの100通りとなります。

なお、配列の宣言と作成は同時に行うこともできます。

▶ 配列の宣言と作成

```
型名[] 配列名= new 型名[要素数];
または
型名 配列名[] = new 型名[要素数];
```

記述例

```
int[] array = new int[100];
または
int array[] = new int[100];
```

また、配列オブジェクトの型が判っているので、varを用いた型推論も使用することができます。ただし、newのあとの型名にはvarは使用できませんので注意してください。

▶ varを使った配列の宣言と作成

```
var 配列名 = new 型名[要素数];
```

記述例

```
var array = new int[100];
```

例題3-4(2)

Q1 添え字が55までのint型配列を宣言しなさい。

3-4-4 配列要素へのアクセス

配列の作成後は、次のように要素を変数として扱います。

▶ 要素の指定

```
配列名[添え字]
```

記述例

```
array[9] = 5;
```

配列10番目の要素に5を代入

このとき、注意すべき点が3つあります。

●配列を初期化する

「new」で配列の実体を作成しても、まだ配列の各要素の値がいくつなのか定まっていません。つまり「タンスは作ったものの、引き出しの中に何が入っているのか分からない」状態です。この状態で要素を変数として使用すると、入っている値が分からないまま計算を行うことになってしまいます。

そこで変数や定数と同様、初期化が必要になります。例えば次の例の場合、int型配列aのすべての要素を0で初期化しています＊4。a[0]の値が設定されているので、その後の計算も正しく行うことができます。

```
int[] a;
a = new int[5];
a[4] = a[3] = a[2] = a[1] = a[0] = 0; ------全要素を0で初期化

a[1] = a[0] + 10; ------a[0]の値が定まっているので、結果を求められる
```

＊4 第6章で解説するforを使用すると、より簡潔に記述することができます。

●どの要素なのかを指定する

値は、配列が持つ要素（個々の引き出し）に格納されるのであって、配列全体（タンス自体）に格納されるわけではありません。そのため、配列に値を格納するときには、どの引き出しに入れるのかを明記する必要があります。次のように、要素の指定なしに値を記述することはできません。

```
int[] a = new int[5];
a = 200; ------添え字で要素を指定していない
```

●要素が実在するか確認する

「new」で5個の要素を作成した場合、プログラム中で使用できるのは添え字0番から4番までとなります。添え字5番の要素は作成されていないので注意しましょう＊5。

```
int[] a = new int[5];
a[5] = 20; ------存在しない要素を使用している
```

＊5 作成されていない要素を使用すると、そのプログラムは実行中に停止（ランタイムエラー）してしまいます。

▼ リスト3-12　Array1.jsh

```
01 {
02     double[] root;
03 
04     root = new double[5];
05 
06     root[0] = 0.0;
07     root[1] = 1.0;
08     root[2] = 1.414;
09     root[3] = 1.732;
10     root[4] = 2.0;
11 
12     System.out.println(root[0]);
13     System.out.println(root[1]);
14     System.out.println(root[2]);
15     System.out.println(root[3]);
16     System.out.println(root[4]);
17 }
```

実行結果

```
0.0
1.0
1.414
1.732
2.0

jshell> 
```

例題 Q

例題3-4 (3)

Q1 実行結果「80、120、380」とそれぞれ出力されるよう、プログラムリストの空欄を埋めなさい。

```
{
    int[] price = [ ① ] int[3];

    price[ [ ② ] ] = 120;
    price[1] = [ ③ ] ;
    price[ [ ④ ] ] = 80;

    System.out.println(price[2]);
    System.out.println(price[0]);
    System.out.println(price[1]);
}
```


3-4-5 要素の自動生成とlength

要素の数が多い場合は、配列の宣言・作成（new演算）・初期化を同時に行い、プログラムを簡略化することができます。

▶ 配列の宣言・作成・初期化

```
型名[] 配列名 = {値1, 値2, … 値n};
または
型名 配列名[] = {値1, 値2, … 値n};
```

記述例

```
int[] a = {0, 1, 2, 3, 4};
または
int a[] = {0, 1, 2, 3, 4};
```

この使用例では、合計5つのデータを格納できる要素が必要なため、自動的にa[0]からa[4]までの要素が生成されます。

ここで、newがないことに注意してください。これは、初期化する値を与えた時点で、要素の作成が必要なことが明白だからです。そのため、省略が可能で、値の数から必要な要素数もわかるため、要素数を記述する必要もありません（**リスト3-13**）。

▼ **リスト3-13** Array2.jsh

```
01 {
02     int[] a = {0, 1, 2, 3, 4};
```

```
03
04      System.out.print(a[0]);
05      System.out.print(a[1]);
06      System.out.print(a[2]);
07      System.out.print(a[3]);
08      System.out.print(a[4]);
09  }
```

実行結果

```
01234
jshell>
```

ただし、varによる型推論を行う場合は、newを使って型を指定した要素の作成が必要です（**リスト3-14**）。

varを使った配列の宣言・作成・初期化

```
var 配列名 = new 型名[]{値1, 値2, … 値n};
```

記述例

```
var a = new int[]{0, 1, 2, 3, 4};
```

▼ **リスト3-14**　Array3.jsh

```
01  {
02      var a = new int[]{0, 1, 2, 3, 4};
03
04      System.out.print(a[0]);
05      System.out.print(a[1]);
06      System.out.print(a[2]);
07      System.out.print(a[3]);
08      System.out.print(a[4]);
09  }
```

実行結果

```
01234
jshell>
```

実行結果から、初期化した5つ分の要素がきちんと生成されていることが確認できましたね。今度はa[5]は存在するか、実際に確かめてみましょう。

▼ **リスト3-15**　Array4.jsh（エラーが発生します）

```
01  {
02      int[] a = {0, 1, 2, 3, 4};
03
04      System.out.print(a[0]);
05      System.out.print(a[1]);
06      System.out.print(a[2]);
07      System.out.print(a[3]);
08      System.out.print(a[4]);
09      System.out.print(a[5]);
10  }
```

実行結果

```
01234|  例外java.lang.ArrayIndexOutOfBoundsException: Index 5 out of bounds for length 5
|        at (#10:9)

jshell>
```

エラーメッセージ「**ArrayIndexOutOfBoundsException**」は、配列の添え字が範囲を超えていることを告げています。このことからも、a[5]を参照できない（＝存在しない）ことが確認できます。

なお、初期化設定後に配列の要素数を確かめるには、配列名の次にlengthを書きます。**リスト3-16**の例の場合、実行結果は5になります。

▶ **配列要素数の参照（length）**

```
配列名.length
```

```
a.length;
```

▼ **リスト3-16** Array5.jsh

```
01 int[] a = {0, 1, 2, 3, 4};
02
03 System.out.println(a.length);
```

例題3-4（5）

Q1 次の実行結果が出るよう、プログラムリストの空欄を埋めなさい。

実行結果

```
0.0
1.0
1.414

jshell>
```

```
01 {
02     [   ①   ] root[] = [   ②   ];
03
04     System.out.println(root[0]);
05     System.out.println(root[1]);
06     System.out.println(root[2]);
07 }
```

Q2 次のプログラムの実行結果を答えなさい。

```
01 {
02     char message[] = {'H', 'e', 'l', 'l', 'o', '.'};
03
04     System.out.println(message.length);
05 }
```

3-4-6 配列の代入

これまでは「a[1] = 123;」のように、要素に値を代入していましたが、配列を別の配列に代入することもできます（**リスト3-17**）。

▼ **リスト3-17** Array6.jsh

```
01 {
02     int[] a = {0, 1, 2, 3, 4};
03     int[] b;
04 
05     b = a;
06     System.out.print(b[0]);
07     System.out.print(b[1]);
08     System.out.print(b[2]);
09     System.out.print(b[3]);
10     System.out.print(b[4]);
11 }
```

実行結果

```
01234

jshell>
```

このプログラムでは、同じint型の2つの配列aとbを宣言しています。しかし配列の実体は、配列を自動生成しているaでしか作成していないことに注意してください。

6行目は、配列aの全要素の値を配列bに代入（コピー）しているのではありません。ここでは、名前がaである配列の実体を、bという名前でも参照可能にしているのです。つまり「aの配列にbという別名をつけた」ということになります（**図3-09**）。

▼ **図3-09** 配列の代入

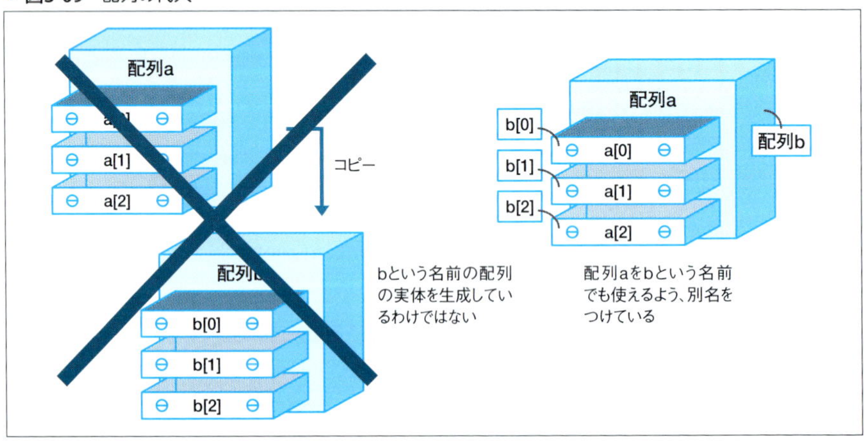

配列aとbは同じ配列を指し示しているため、配列bの要素を変更すると、配列aの要素も変更されます。実際に次のプログラムで確かめてみましょう（**リスト3-18**）。

▼ リスト3-18　Array7.jsh

```
01 {
02     int[] a = {0, 1, 2, 3, 4};
03     int[] b;
04 
05     b = a;
06 
07     b[1] = b[2] = b[3] = 5;  ------ 2～4番目の要素を5に変更
08     System.out.print(a[0]);
09     System.out.print(a[1]);
10     System.out.print(a[2]);
11     System.out.print(a[3]);
12     System.out.print(a[4]);
13 }
```


実行結果

```
05554 ------ 値が変わっている

jshell>
```

例題3-4(6)

Q1　次の実行結果が出るよう、プログラムリストの空欄を埋めなさい。

実行結果

```
3
2
1
0

jshell>
```

```
{
    int[] a, b;

    a = [   ①   ] int[ [   ②   ] ];
    b = [   ③   ] ;

    a[0] = 3;
    a[1] = 2;
    a[2] = 1;
    a[3] = 0;

    System.out.println(b[0]);
    System.out.println(b[1]);
    System.out.println(b[2]);
    System.out.println(b[3]);
}
```

3-4-7 多次元配列

これまでに説明した配列の場合、タンスの引き出しは縦1列に積み重なっていただけでした。しかし、縦列を「月」や「生徒の出席番号」、横列（行）を「年度」や「クラス」とすることで、配列が1つでもデータを収めることができます。このような配列のことを、多次元配列といいます。**図3-10**の例は配列が縦×横なので、2次元の配列となります。

▼ **図3-10** 縦横に伸びた配列

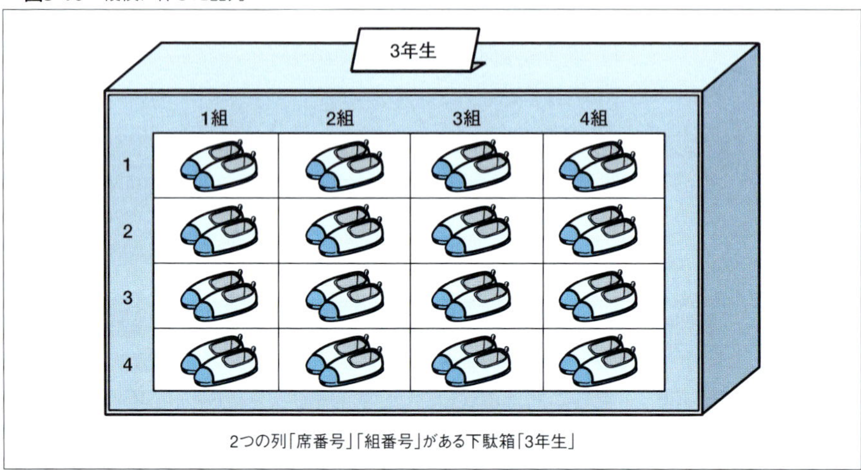

2つの列「席番号」「組番号」がある下駄箱「3年生」

多次元配列は、次のように宣言します。1次元配列の宣言との違いは、[ ]の数だけです。2次元の場合、引き出しの場所を示す添え字が2つ必要になります。

書式

▶ **多次元配列の宣言**

```
型名[][]・・・ 配列名;
または
型名 配列名[][] ・・・ ;
```

記述例

```
int[][] student;
または
int student[][];
```

多次元配列を作成する場合も、添え字をそれぞれの次元に対して記述します。

書式

▶ **多次元配列の作成**

```
配列名 = new 型名[要素数][要素数] ・・・ ;
```

記述例

```
student = new int[3][40];
```

他の**2次元配列**の例として、九九の答えを格納しておく配列を作成してみましょう（**リスト3-19**）。九九の値を格納するには、9×9=81個の要素が必要となります。これを[9][9]の2次元配列で表現します。ただし、配列の添え字は0から始めなければならないため、1の段を[0]、6の段を[5]というように、1つずつずらして考えます。

▼ **リスト3-19** Array8.jsh

```
01 {
02     int[][] mTables;
03 
04     mTables = new int[9][9];
05 
06     mTables[8][0] = 9;            9の段の生成
07     mTables[8][1] = 18;           mTables[8][0]からmTables[8][8]まで
08     mTables[8][2] = 27;
09     mTables[8][3] = 36;
10     mTables[8][4] = 45;
11     mTables[8][5] = 54;
12     mTables[8][6] = 63;
13     mTables[8][7] = 72;
14     mTables[8][8] = 81;
15 
16     System.out.print(mTables[8][0]);     9の段の表示
17     System.out.print('¥t');
18     System.out.print(mTables[8][1]);
19     System.out.print('¥t');
20     System.out.print(mTables[8][2]);
21     System.out.print('¥t');
22     System.out.print(mTables[8][3]);
23     System.out.print('¥t');
24     System.out.print(mTables[8][4]);
25     System.out.print('¥t');
26     System.out.print(mTables[8][5]);
27     System.out.print('¥t');
28     System.out.print(mTables[8][6]);
29     System.out.print('¥t');
30     System.out.print(mTables[8][7]);
31     System.out.print('¥t');
32     System.out.println(mTables[8][8]);
33 }
```

実行結果

例題3-4（7）

Q1 リスト3-19を、要素を自動生成するプログラムに書き換えなさい。ただし、9の段以外の初期値は何でもよいものとします。

3-4-8 配列操作で発生するエラー

＊6 プログラムの実行時に発生するエラーで、文法的なエラーではありません。厳密には例外（Exception）と呼びます（**9-1-2**参照）。

配列を使ったプログラムを実行すると、「java.lang.ArrayIndexOutOfBounds Exception」というエラーメッセージ＊6が表示されることがあります。これは、存在していない配列の要素を参照した場合に出力され、プログラムは途中で停止してしまいます。

実際に**リスト3-20**のプログラムで、存在していない配列の要素を参照してみましょう。文法上は間違いではありませんから、コンパイルは無事に行うことができますが、プログラムを実行すると問題が発生し、実行が中断されます。

▼ **リスト3-20**　Array9.jsh（実行時にエラーが発生します）

```
01 {
02     int[] a = {1, 2};
03 
04     System.out.println(a[0]);
05     System.out.println(a[1]);
06     System.out.println(a[2]);
07 }
```

実行結果

```
1
2
|  例外java.lang.ArrayIndexOutOfBoundsException: Index 2 out of bounds for length 2
|        at (#3:5)

jshell>
```

3-5 参照型

これまでに説明を行った整数型や実数型などのすべての型は「基本データ型」と呼ばれるデータを表現するための基本的な型でした。オブジェクト指向プログラミングでは、「参照型」と呼ばれる型も使用していきます。オブジェクト指向プログラミングについては第8章以降で述べますが、ここではその参照型の1つである、String型という文字列を扱う型を通して一通りオブジェクト指向プログラミングを体験することにしましょう。

3-5-1 String

3-1で述べたように文字を扱うための基本データ型としてchar型が用意されています。このchar型は文字の集まりである文字列を扱う型はありません。これに対して、String型は「Hello.」や「技術評論社」などの文字がいくつか集まって構成される文字列を扱うための型です。厳密にはStringはクラスと呼ばれ、値を格納する変数も、オブジェクトと呼ばれます。

基本データ型で変数を宣言したように、クラスでもオブジェクトの宣言を行います。宣言の書式は次のとおりです。

▶ **Stringオブジェクト宣言の書式**

● **基本スタイル**

```
String オブジェクト名;
```

● **応用スタイル**＊1

```
String オブジェクト名 = "文字列";
```

＊1 参照型でもStringは特別にこのような代入ができます。他の参照型はnew演算子を使用します（詳細は**第8章**を参照）。

これまでのintやdoubleといった型名のところがStringになっていて、変数名のところがオブジェクト名になっています。初期化を同時に行うときにも、これまでと同様に代入演算子を使いますが、文字列であることを示すために、"（ダブルクオート）で文字列を括っています＊2。

＊2 文字列を括るのを忘れると、コンパイラは変数名と勘違いしてしまうので十分注意しましょう。

それでは、Stringクラスを使ったプログラムを**リスト3-21**に示します。

▼ **リスト3-21** String1.jsh

```
01 String s = "Hello.";
02 System.out.println(s);
```

3-5-2 length()メソッド

クラスと基本データ型との違いの1つは、クラスが機能（これをメソッドと呼びます）を持っていることです。Stringクラスが持つ機能の1つに文字列の長さを調べることのできるlength()メソッドがあります。メソッドの詳細は**第7章**で紹介しますので、ここではその機能の働きだけを確認することにしましょう（**リスト3-22**）。

▼ **リスト3-22** String2.jsh

```
01 String s = "Hello.";
02 System.out.println(s + "は" + s.length() + "文字です。");
```

プログラムからわかるように、長さを調べるlength()メソッドは単独で使われておらず、s.length()とオブジェクトと一緒に使われています。s.length()と記述することで、オブジェクトsに対して文字列の長さを調べるように指定ができるわけです。
そのため、次のようにオブジェクトが異なって文字数が違えば、当然length()メソッドの実行結果もそれぞれ異なります(**リスト3-23**)。ここで、s1、s2のオブジェクトそれぞれがlength()メソッドという長さを調べる機能を持っていることに注意してください。length()という1つのメソッドがあって、それをs1、s2が共有しているのではありません。

▼ **リスト3-23**　String3.jsh

```
01 {
02     String s1 = "Hello.";
03     System.out.println(s1 + "は" + s1.length() + "文字です。");
04
05     String s2 = "Bye.";
06     System.out.println(s2 + "は" + s2.length() + "文字です。");
07 }
```

実行結果

```
Hello.は6文字です。
Bye.は4文字です。

jshell>
```

3-5-3 その他のメソッド

length()メソッドの他にもStringクラスにはさまざまなメソッドが用意されています。ここではそのいくつかを紹介します。

■charAt()メソッド

このメソッドはcharAt(0)のように、パラメータを使用します。パラメータで指定された位置(1文字目が0になります)にある文字(char型)を返します。

▶ **charAt()メソッドの書式**

```
Stringオブジェクト.charAt(数値);
```

記述例

```
char c = s.charAt(1);
```

■toLowerCase()／toUpperCase()メソッド

toLowerCase()メソッドはStringオブジェクトの文字列を全て小文字に変換して返し、toUpperCase()メソッドは大文字に変換して返します。ただし、数値や記号などのように大文字と小文字の区別のないものは変換はされません。

▶ toLowerCase()／toUpperCase()メソッドの書式

```
Stringオブジェクト.toLowerCase();
Stringオブジェクト.toUpperCase();
```

記述例

```
String s2 = s.toUpperCase();
String s3 = s.toLowerCase();
```


■ equals()／equalsIgnoreCase()メソッド

equals()メソッドは 文字列が()内の文字列と同じならばtrueを返し、そうでなければfalseを返します。一方、equalsIgnoreCase()メソッドは文字列の大文字小文字関係なく同じ文字列であるかを調べます。同じ文字列であれば、trueを、異なっていればfalseを返します。

▶ equals()／equalsIgnoreCase()メソッドの書式

```
Stringオブジェクト.equals();
Stringオブジェクト.equalsIgnoreCase();
```

記述例

```
s2.equals("Hello.");
s2.equalsIgnoreCase("Hello.");
```

これらのメソッドの働きを、サンプルプログラムで確かめてみましょう（**リスト3-24**）。

▼ **リスト3-24**　String4.jsh

```
01 {
02     String s = "Hello.";
03     char c = s.charAt(1);
04 
05     System.out.println(s + "の2文字目は" + c + "です。");
06 
07     String s2 = s.toLowerCase();
08     System.out.println(s + "を小文字にすると" + s2 + "です。");
09 
10     String s3 = s.toUpperCase();
11     System.out.println(s + "を大文字にすると" + s3 + "です。");
12 
13     System.out.println("s2とHello.は等しい:" + s2.equals("Hello."));
14     System.out.println("s2とHello.は等しい:" + s2.equalsIgnoreCase("Hello."));
15 }
```

実行結果

```
Hello.の2文字目はeです。
Hello.を小文字にするとhello.です。
Hello.を大文字にするとHELLO.です。
s2とHello.は等しい:false
s2とHello.は等しい:true

jshell>
```

3-6 列挙型

3-5で参照型を紹介しましたが、ここで紹介する列挙型も参照型の1つです。列挙型は「はい」、「いいえ」、「どちらでもない」のような3つの決まった値のいずれかしか取らないような場合に使用します。

3-6-1 列挙型の書式

*1 定数なので、一般には大文字で表記されます。

列挙型はenumを使って、次のように定義します。列挙名は列挙型に付ける名前で、型名のようなものと考えると良いでしょう。また、列挙定数は列挙型で扱うことのできる値（定数）になります*1。

▶ 列挙型の定義

```
enum 列挙名 {
    列挙定数1,
    列挙定数2,
    ...
}
```

記述例

```
enum Answer {
    YES,
    NEUTRAL,
    NO
}
```

3-6-2 列挙型の使い方

列挙型で宣言したものは、通常の変数宣言と同じように使用できます。

▶ 列挙型変数の定義

```
列挙名 変数名;
```

記述例

```
Answer ans;
```

列挙型で宣言された変数には、その列挙型の列挙定数として定義された値しか代入することができません。なお、値は列挙名.列挙定数として表します。

▶ 列挙型変数への代入

```
変数名 = 列挙名.列挙定数;
```

記述例

```
ans = Answer.neutral;
```

次のプログラムで列挙型の働きを確認しましょう（**リスト3-25**）。

▼ **リスト3-25** Answer.jsh

```
01 enum Answer {
02     YES,
03     NEUTRAL,
04     NO
05 }
06 Answer a;
07 a = Answer.NEUTRAL;
08 System.out.println(a);
```

実行結果

```
|  次を作成しました: 列挙型 Answer

jshell> Answer a;
a ==> null

jshell> a = Answer.NEUTRAL;
a ==> NEUTRAL

jshell> System.out.println(a);
NEUTRAL

jshell>
```

2つの変数の値を交換するには

2つの変数val1とval2があったとき、それぞれの変数に格納されている値を取り換えるには、どう記述すればよいでしょう？ 一見すると、次の手順が最適に思えます。

val1の値をval2に代入して、val2の値をval1に代入する

例えば、val1の値を123、val2の値を456としてそれぞれの値を代入するプログラムを書くと、次のようになります。

```
val1 = 123;
val2 = 456;
```

```
val2 = val1;  ------ val1の値をval2に代入
val1 = val2;  ------ val2の値をval1に代入
```

これで値の交換が可能なように見えますが、実行してみると、どちらも123という値になってしまいます。これは、最初の代入を行った時点で、変数val2に元々あった456という値が、123に書き換えられてしまうからです。

値の入れ替え操作は、実際には次のように考えなければなりません。

① val2の値を別の変数に一時待避させる
② val1の値をval2に代入しする
③ 一時待避させた値をval1に代入する

次のように、変数の値を一時的に待避をさせる、もう1つの変数を用意しましょう。

```
tmp = val2;
val2 = val1;
val1 = tmp;
```

変数tmpは値の交換のために一時的に使用する変数で、他の用途はありません。作業上、一時的にだけ必要な変数には、一時的であることがわかりやすいよう、temporaryを略したtmpやtempという変数名を用いるのが一般的です。

第4章

演算子

演算子といえば、四則演算の+−×÷が最もよく知られていますが、プログラミングを行うときは、これ以外にもさまざまな演算子を使用します。また、文字列の足し算や論理演算、ビット演算など、中級者向けの演算についても解説しています。

4-1 演算子の種類

すでに説明した「=」(イコール)や、足し算の「+」(プラス)、引き算の「−」(マイナス)などの総称を、演算子といいます。演算子は、「値に対してどのような操作(演算)を行うのか」を示すものです。

4-1-1 演算子の概要

演算子には、主に「代入演算子」「算術演算子」「比較演算子」「論理演算子」「ビット演算子」の5種類があります＊1。

＊1 なおこの他に、配列において添え字を表す「[ ]」(添え字演算子)や、配列の実体を作成する「new」(new演算子)などが存在します。

●代入演算子

計算結果を変数と呼ばれる、プログラムで使用する数値の記憶場所に保存する演算子です。例えば「y = x + 1」の場合、「=」が代入演算子に当たります。

●算術演算子

「+」「-」「*」「/」など、電卓などで通常用いている計算、いわゆる四則演算を行うための演算子です。

●比較演算子

「大きい」「等しい」など、2つの値の大小関係を判断する演算子です。計算の結果は「大きいのはこちら」として出されるのではなく、関係が「正しい」か「正しくない」かのどちらかです。そのため、boolean型の値(trueかfalse)になります。

●論理演算子

「20歳以上でかつ男性」とか「自動車免許またはパスポートを持っている人」というように、「〜かつ・・・」「〜または・・・」「〜でない」など、論理的な演算を行うときに使います。

●ビット演算子

コンピュータは、数値を表現するのに2進数という数字の数え方を使っています＊2。ビット演算子は、コンピュータ内部における2進数の値を直接操作する演算子です。

＊2 2進数の詳細については、4-6を参照してください。

例題4-1(1)

Q1 次の文が説明している演算子を答えなさい。

1) 「かつ」や「または」など、論理的な演算に使用する
2) 数値を保存する
3) 大小関係の判断に使用し、その結果をboolean型で表す

4-1-2 演算子の優先順位

まずは「すべての商品の値段を足したあと、消費税率をかけて支払額を計算する」式を考えてみましょう。例として、120円のジュース、200円のチョコレート、150円のポテトチップス(各税別)を1つずつ買った場合の支払い金額を、プログラムで計算してみます。

▼ リスト4-01 Shopping1.jsh

```
01 {
02     System.out.print(120 + 200 + 150 * 1.08);
03     System.out.println("円");
04 }
```

実行結果

```
482.0円

jshell>
```

商品の合計金額が120＋200＋150＝470円なので、これに消費税(8%)をかけると507.6円になるはずです。それなのになぜ、答えが違っているのでしょうか？

違う種類の演算子が含まれた式の場合、演算子の優先順位というものが重要になります。四則演算の優先順位は、加算・減算よりも乗算・除算が高くなります。そのため先ほどのプログラムの例では、まず150×1.08が計算され、その次に120と200が加算されていたのです。

正しくは次のように、加算部分を()でくくる必要があります＊3。

＊3 ()も、実は演算子の1つです(グループ化演算子)。この演算子は優先順位が最も高いものの1つなので、最優先に扱われます。()でくくった加算が先に行われるのも、乗算より先にこの演算子によって演算されるからです。

▼ リスト4-02 Shopping2.jsh

```
01 {
02     System.out.print((120 + 200 + 150) * 1.08);
03     System.out.println('円');
04 }
```

実行結果

```
507.6円

jshell>
```

さらにキャストを使い、小数点以下を切り捨ててみましょう＊4。

＊4 ()も、実は演算子の1つです(グループ化演算子)。この演算子は優先順位が最も高いものの1つなので、最優先に扱われます。()でくくった加算が先に行われるのも、乗算より先にこの演算子によって演算されるからです。

▼ リスト4-03　Shopping3.jsh

```
01 {
02     System.out.print((int)((120 + 200 + 150) * 1.08));
03     System.out.println('円');
04 }
```

実行結果

```
507円

jshell>
```

では、優先順位が同じ演算子を用いた場合、どのような順番で計算されるのでしょうか。次の例で考えてみます。

```
1 + 2 - 3
```

この式では、左から右へ「1と2を足してから3を引く」計算をする方法と、右から左へ「2から3を引いた後で1を足す」計算をする方法の、2通りが考えられます。Javaの四則演算では「左から右」と定められています＊5。

＊5 このように、式の計算順を定めたルールのことを、結合規則といいます。

最後に、Javaで使われるすべての演算子とその優先順位の一覧を、**表4-01**に示します。優先順位は、下の行にいくほど低くなります。

▼ 表4-01　演算子の優先順位

優先順位	演算子
1	[] . ()
2	! ~ ++ -- +(正符号) -(負符号) ()(キャスト) new
3	* / %
4	+(加算演算子) -(減算演算子)
5	<< >> >>>
6	< <= > >= instanceof
7	== !=
8	&
9	^
10	¦
11	&&
12	¦¦
13	?:
14	= += -= *= /= %= &= ¦= ^= <<= >>= >>>=

例題4-1 (2)

Q1　次の4つの演算子を優先度の高い順に並べなさい。

+　()　!=　/

4-2 代入演算子

代入演算子「=」は、右辺の値を左辺に代入します。左辺は変数でなければなりません。変数の型が一致していない場合は、左辺と右辺の型を一致させる必要があります。すでに説明したとおり、ワイドニング変換の場合は、右辺の値が自動的に左辺の型に変換されます。ナローイング変換の場合は、キャストが必要になります。

4-2-1 左辺の値を右辺に設定する

3-2-2でも解説したとおり、次のリストの**5行目**は「sumとsum + 2は等しい」という意味ではありません。右辺の値を左辺に代入するだけなので、「sum + 2の計算結果をsumに再設定する」という意味になります。

▼ **リスト4-04**　Dainyu.jsh

```
01 {
02     int sum;
03 
04     sum = 1;              右辺の1が左辺のsumに代入される
05     sum = sum + 2;        sum（値は1）に2を足した値 3がsumに代入される
06 
07     System.out.println(sum);
08 }
```

実行結果

```
3

jshell>
```

例題4-2（1）

Q1 代入演算子を使った次のプログラムが誤りである理由を述べなさい。

```
01 {
02     double pi = 3.0;
03     3.14 = pi;
04 }
```

4-2-2 代入と型

次のように代入演算子を使うと、エラーになってしまいます。その理由を考えてみましょう。

▼ リスト4-05　DainyuTypeError1.jsh

```
01 {
02     int ans;
03 
04     ans = 4.2 + 1.8;
05     System.out.println(ans);
06 }
```

実行結果

```
|  エラー:
|  不適合な型: 精度が失われる可能性があるdoubleからintへの変換
|      ans = 4.2 + 1.8;
|            ^-------^

jshell>
```

4行目の計算の答えは、整数6になります。しかし実数4.2と1.8を用いた計算であるため、プログラムの内部では、その答えも実数6.0として扱われます。つまり、int型変数ansに答えを代入する際、ナローイング変換が生じてしまうのです。エラーを回避するには、計算結果全体をint型でキャストしなければなりません。

▼ リスト4-06　DainyuType.jsh

```
01 {
02     int ans;
03 
04     ans = (int) (4.2 + 1.8);
05     System.out.println(ans);
06 }
```

実行結果

ここで、よく間違えがちなキャストの実行例を、次に挙げておきます。

■全体にキャストをかけていない

▼ リスト4-07　DainyuTypeError2.jsh

```
01 {
02     int ans;
03 
04     ans = (int) 4.2 + 1.8;
05     System.out.println(ans);
06 }
```

実行結果

```
|  エラー:
|  不適合な型: 精度が失われる可能性があるdoubleからintへの変換
|      ans = (int) 4.2 + 1.8;
|            ^-------------^

jshell>
```

4行目では、「4.2」にしかキャストしていません。そのため、この式は「4 + 1.8」に変換されます。計算結果が実数となるので、右辺と左辺の型の不一致が起きてしまいます＊1。

＊1　整数と実数の計算結果は必ず実数になります（**4-3-2**参照）。

■個別にキャストをかけている

▼ リスト4-08　DainyuTypeError3.jsh

```
01 {
02     int ans;
03 
04     ans = (int) 4.2 + (int) 1.8;
05     System.out.println(ans);
06 }
```

実行結果

```
5

jshell>
```

キャストが影響する範囲を考えると、このように書き直すこともできます。確かにエラーにはなっていませんが、それぞれの値の小数点以下を切り捨てるので、計算結果が実際とは異なってしまいます。そのため、キャストは計算結果を代入する直前にかけた方が無難です。

例題4-2（2）

Q1 次の実行結果が得られるよう、プログラムリストを修正しなさい。

実行結果

```
0

jshell>
```

```
01 {
02     int ans;
03     double x, y;
04 
05     x = 1.8;
06     y = 0.9;
07 
08     ans = (int)x - (int)y;
09     System.out.println(ans);
10 }
```

4-3 算術演算子

算術演算子は、加算（＋）、減算（－）、乗算（×）、除算（÷）の四則演算に、剰余（余り）を加えたものです。この節では算術演算子について学んでいきましょう。

4-3-1 四則演算の実行

Javaで使う四則演算のための演算子は次のとおりです。

▼ 表4-02　算術演算子

演算子	算数の記号	意味	使用例	結果
+	＋	加算	150 + 100	250
-	－	減算	150 - 100	50
*	×	乗算	150 * 100	15000
/	÷	除算	150 / 100	1 ＊1
%	÷	余り	150 % 100	50

＊1　浮動小数点数型の場合、結果は1.5になります。

加減算は算数の記号と同じですが、乗除算の記号はそれぞれ「*」（アスタリスク）と「/」（スラッシュ）になります。また、「%」で余りを求めることができます。

算術演算子を使って四則演算を行うプログラムを作成し、その動作を確認しましょう。演算の結果を変数a～eに代入し、値を表示してみます。

▼ リスト4-09　Calculation.jsh

```
01 {
02     int a, b, c, d, e;
03 
04     a = 1 + 1;
05     b = 1 - 1;
06     c = 1 * 1;
07     d = 1 / 1;
08     e = 1 % 1;
09 
10     System.out.println(a);
11     System.out.println(b);
12     System.out.println(c);
13     System.out.println(d);
14     System.out.println(e);
15 }
```

実行結果

4-3-2 除算する際の注意

算術演算のうち、除算には注意が必要です。例えば次の式の値は、0.33333･･･と考えるのが普通です。

```
1 / 3
```

実際に次のプログラムで確かめてみると、答えは0になってしまいます。

▼ リスト4-10　Division.jsh

```
01 System.out.println(1 / 3);
```

実行結果

```
jshell> System.out.println(1 / 3);
0

jshell>
```

Javaでの演算結果は、「**数値の精度の高い方に合わせる**」というルールがあります。int型同士では精度が同じなので、除算の答えもint型になります。従って小数点以下は切り捨てられてしまいます。

片方がint型でもう片方がfloat型の実数である場合、答えはfloat型の実数になります。float型とdouble型の除算であれば、答えはdouble型になります。

▼ リスト4-11　Division2.jsh

```
01 System.out.println(1.0 / 3);
```

実行結果

```
jshell> System.out.println(1.0 / 3);
0.3333333333333333

jshell>
```

3行目の1.0には接尾子が何もついていないので、double型のリテラルに設定されます。そのため、double型の結果が求まる除算が行われます。

例題4-3（1）

Q1　リスト4-07を元に、「−1」どうしの四則演算を行うプログラムを作成しなさい。

4-3-3 文字の演算

Javaでは文字型も整数型の一種として扱われます。これは、文字を特定するための規則である文字コードを基準にしているからです。文字コードは、文字を数値によってリスト化した規則です。そのため文字そのものを演算するのではなく、文字コードの数値に対しての演算となります。

文字がコードで扱われていることは、char型の文字をint型で出力すれば、簡単に確認することができます(キャストが必要)。

▼ **リスト4-12** CharacterCode.jsh

```
01 {
02     char c1 = 'A', c2 = 'B';
03 
04     System.out.print(c1);
05     System.out.println((int)c1);   ------ 文字'A'をint型で出力
06     System.out.print(c2);
07     System.out.println((int)c2);   ------ 文字'B'をint型で出力
08 }
```

実行結果

「文字と数値の足し算」は、「文字コードの数値を増やす」ことになります。「A」に1を足せば「B」に、2を足せば「C」になります。ただし整数を足した後は次のようにchar型でキャストしておかないと、int型で出力されてしまいます＊2。

＊2 char型もint型も同じ整数型ですが、int型のほうが精度が高いので数値で表示されます。

▼ **リスト4-13** CharacterAdd.jsh

```
01 {
02     char c = 'A';
03 
04     System.out.println(c + 1);
05     System.out.println((char)(c + 25));
06 }
```

実行結果

```
66
Z

jshell>
```

4-3-4 文字列の加算

文字列に対しても加算は行うことができます。加算できるのは、「文字列同士」「文字列と文字」「文字列と数値」の3パターンです。

- 文字列＋文字列
- 文字列＋文字
- 文字列＋数値

これらの結果は、いずれも文字列として扱われます。

4-3-3で述べたように1つの文字に数値を足した場合、それは「文字コードに対する加算」として処理されました。文字列に数値を足した場合、その数値は文字に変換されて「文字列＋文字＝文字列」と演算されます。例を次に示します。

▼ リスト4-14　GoodMorning.jsh

```
01 {
02     System.out.println("Good" + " morning.");
03     System.out.println("Good" + ' ' + "afternoon" + '.');
04     System.out.println("A" + 26);
05 }
```

実行結果

```
Good morning.
Good afternoon.
A26

jshell>
```

文字列に限らず加算は左から右に順に計算が行われます。そのため、次のようなプログラムを作成すると、文字列と数値の加算が先に実行され思わぬ結果となってしまいます。

▼ リスト4-15　StringAddTest.jsh

```
01 System.out.println("1 + 2の答えは" + 1 + 2);
```

実行結果

```
jshell> System.out.println("1 + 2の答えは" + 1 + 2);
1 + 2の答えは12

jshell>
```

このような場合は、()を使って演算の順番を変更し、先に数値同士の計算を行うようにしましょう。

▼ リスト4-16　StringAddTest2.jsh

```
01 System.out.println("1 + 2の答えは" + (1 + 2));
```

実行結果

```
jshell> System.out.println("1 + 2の答えは" + (1 + 2));
1 + 2の答えは3

jshell>
```

例題4-3 (2)

Q1　次の実行結果が出るよう、プログラムリストの空欄を埋めなさい。

実行結果

```
G
g

jshell>
```

```
01 {
02     char upperCase, lowerCase;
03
04     upperCase = '  ①  ';
05
06     lowerCase = (char)('  ②  ' + upperCase - '  ③  ');
07
08     System.out.println(upperCase);
09     System.out.println(lowerCase);
10 }
```

4-4 比較演算子

比較演算子は、左辺と右辺の関係を、true（正しい・真）かfalse（誤り・偽）のどちらかで表す演算子です。例えば、式「1 < 3」（1は3よりも小さい）の結果はtrue、「1 > 3」の結果はfalseになります。

4-4-1 同じ型の比較

比較演算子は**表4-03**に示す種類があります。

▼ 表4-03　比較演算子

演算子	算数の記号	意味	使用例	結果
<	<	～より小さい（小なり）	1 < 2	true
<=	≦	～以下（小なりイコール）	1 <= 2	true
==	=	等しい（等号）	1 == 2	false
!=	≠	等しくない（ノットイコール）	1 != 2	true
>	>	～より大きい（大なり）	1 > 2	false
>=	≧	～以上（大なりイコール）	1 >= 2	false

等号「==」はイコールを２つつなげます*1。１つだけだと代入演算子になってしまうので、気をつけてください。

*1　この記号をダブルイコールといいます。

演算子を使って、同じ型の値を比較してみましょう。println()メソッドで表示してみると、次のように、結果が論理値で返ってくることがわかります。

▼ リスト4-17　Relation.jsh

```
01 {
02     System.out.println(1 < 2);
03     System.out.println(1 <= 2);
04     System.out.println(1 == 2);
05     System.out.println(1 != 2);
06     System.out.println(1 > 2);
07     System.out.println(1 >= 2);
08 }
```

実行結果

```
true
true
false
true
false
false

jshell>
```

4-4-2 異なる型の比較

比較演算子では、異なる型の値を比較することもできます。これは比較を行う際、自動的にワイドニング変換がなされているためです＊2。次のサンプルプログラムで確認してみましょう。

＊2 この変換を、算術昇格といいます。算術昇格では、比較演算子の両辺の型のうち、より大きい型の方に両者を合わせます。

▼ リスト4-18 Relation2.jsh

```
01 {
02     System.out.println(1.0 < 2);
03     System.out.println(1 <= 2L);
04     System.out.println(1.0f == 2L);
05     System.out.println(1.0f != 2L);
06     System.out.println(1.0d > 2.0f);
07     System.out.println(1L >= 2.0);
08 }
```

実行結果

```
true
true
false
true
false
false

jshell>
```

関係演算子は2つの値の比較が可能ですが、a<b<cというように、比較の対象が3つ以上になると使用できません。a<bとの比較、b<cとの比較、a<cの比較など、2つの値の比較に分割した上で、必要な比較を論理演算子で組み合わせる必要があります＊3。

＊3 論理演算子の詳細については、次の**4-5**を参照してください。

例題4-4（1）

Q1 次の実行結果が得られるプログラムリストにするには、A～Cのうち、どの選択肢を選べばよいか答えなさい。

実行結果

```
   ...> }
false
true
false

jshell>
```

```
01 {
02   System.out.println(-1.0 [ ① ] -1);
03   System.out.println(-1 [ ② ] 1);
04   System.out.println(-1 [ ③ ] 1.0);
05 }
```

① Ⓐ, == Ⓑ, <= Ⓒ, !=
② Ⓐ, <= Ⓑ, =< Ⓒ, >
③ Ⓐ, = Ⓑ, == Ⓒ, ===

4-5 論理演算子

「AであってBでもある」「CかDである」というように、複数条件の関係を調べる演算子を、論理演算子といいます。論理演算子には、両方が成り立っていなければならない「かつ」、どちらか一方だけでも成り立っていなければならない「または」、否定を表す「〜でない」の3種類があります。結果は常に論理値（true か false）で返ります。

4-5-1 論理演算の実行

それぞれの演算子の意味や使用例を次に示します。

▼ 表4-04　論理演算子

論理演算子	意味
&&	かつ（AND）
||	または（OR）
!	〜でない（NOT）

▼ 図4-01　論理演算

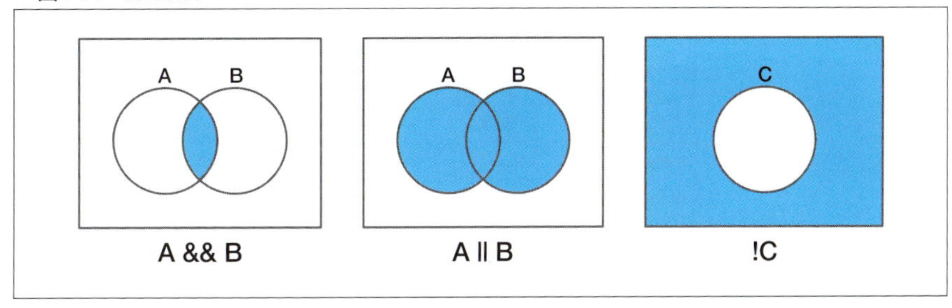

では、実際のサンプルプログラムで動作を確認してみましょう。

▼ リスト4-19　Bool1.jsh

```
01 {
02     System.out.println(true && false);
03     System.out.println(true && !false);
04     System.out.println(true || false);
05     System.out.println(true || !false);
06 }
```

実行結果

論理演算の実行結果は、次の表の法則で求めることができます。ここで、Aの値を検証するだけで式全体の結果が定まる場合、Bの値は検証されません＊1。Bが演算子を含んだ式である場合、演算が行われないので注意が必要です。

＊1 このような評価の打ち切りを短絡評価といいます。詳細は**4-5-3**で解説します。

▼ **表4-05　論理演算の結果**

A && B		
Aの値	Bの値	結果
false	(false)	false
false	(true)	false
true	false	false
true	true	true

A ¦¦ B		
Aの値	Bの値	結果
false	false	false
false	true	true
true	(false)	true
true	(true)	true

!A		
Aの値		結果
false		true
true		false

＊( )で囲まれている値は、短絡評価により調査されない値です。

4-5-2 複数の論理演算子を使用する

論理演算子は、複数扱うこともできます。論理演算子にも優先順位があり、他の演算子と同様、**表4-01**の優先順位に基づいて論理演算が行われます。

- 「&&」…… **優先順位11位**
- 「¦¦」 …… **優先順位12位**
- 「!」 …… **優先順位2位**

例えば次の式の場合、**図4-02**の順に評価されます。

```
A ¦¦ B && !C
```

▼ 図4-02　A || B && !C

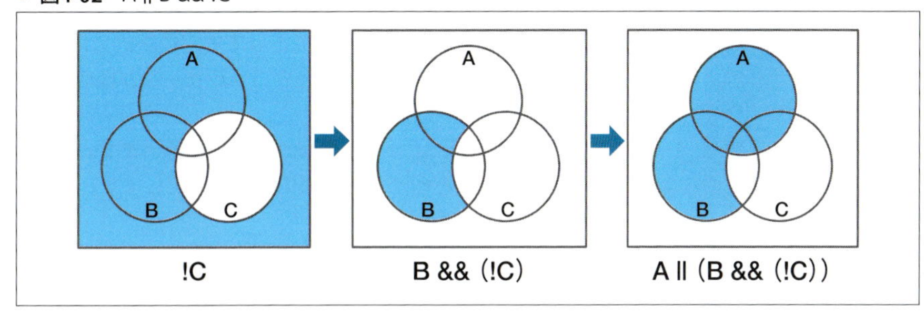

では、複数の比較演算子と論理演算子を組み合わせて、動作を確認します。

▼ リスト4-20　Bool2.jsh

```
01 {
02     System.out.println((1 < 2) && (2 < 3) && (1 < 3));
03     System.out.println((3 < 2) && (2 < 1) && (3 < 1));
04     System.out.println((2 < 3) && (3 < 1) && (2 < 1));
05 }
```

実行結果

```
true
false
false

jshell>
```

4-5-3 短絡評価

論理演算子では、「&&」では両方trueのときだけtrueになり、「||」では両方falseのとき以外はtrueになります。このとき、計算の途中でfalseやtrueになることが決定すると、それ以降の計算は行いません。これを**短絡評価**といいます。

例えば「A && B」の場合を考えてみましょう。Aがfalseであれば、たとえBがtrueでもfalseでも、結果は必ずfalseになります。そのため、Bの値を調査しません。同様に「A || B」の場合、Aがtrueであれば結果は必ずtrueになるので、Bの値を調査しないのです。

例題4-5(1)

Q1　boolean型変数aがfalseの値をとるとき、次の式はそれぞれどんな値を表すか答えなさい。

① !!!!!!!!!!a
② a && !a
③ a || !a

4-6 内部表現に関わる演算子

コンピュータはどのようなデータであっても、最終的には数値の0と1で表現されるデータの列に分解して扱います。このときコンピュータが扱うデータの最小単位を、ビット(bit)といいます。

ここで扱う演算子は、ビットを操作する演算を行います。まずは、コンピュータ内部の数値表現である2進数とビットの関係について説明します。

4-6-1 2進数

私たちは日常生活において、値を0から9までの数字で表現する10進数を使用しています。例えば、2423円というお金があったとします。これは、次のように数えることができます。

```
2423円
→ 1000円×2 + 100円×4  + 10円×2  + 1円×3
→ 10³円×2 + 10²円×4 + 10¹円×2 + 10⁰円×3
```

1の位は10の0乗、10の位は10の1乗、100の位は10の2乗・・・というように、各桁はその桁の乗数に応じた重みを持っています。例えばこの例の100の位は、桁の重みが「10^2」、桁の値が「4」となるので、値が400となるわけです*1。

*1 このように、私たちが0から9までの10種類の数を扱って数値を表現するのは、私たちの指の数が両手で10本だったからとされています。

一方、コンピュータはスイッチのONとOFFの組み合わせで動いています。つまり0と1だけを使った2進数が使われているため、数え方も2を基準に桁上がりします*2。

*2 2進数の場合の2や、10進数の場合の10など、基準となる数値を、基数といいます。

▼ 表4-06　2進数と10進数

10進数値	0	1	2	3	4	5 ・・・
2進数値	0	1	10	11	100	101 ・・・

2進数では各桁の値は0か1のいずれかになりますが、この値で表現される情報の最小単位、つまり桁1つが1ビット(bit)となります。このとき、一番下の桁を最下位ビット、一番上の桁を最上位ビットといいます。

なお、1ビットでは「ONとOFF」「YesとNo」など、2つの状態しか表現できませんから通常は8ビット(8桁)を、バイト(byte)という1つの単位でまとめて扱います。

最後に、4ビット(4桁)で表現できる2進数を次に示します。1桁で表現できる値は0と1の2つなので、4桁では合計16個の値を2進数で表すことができます。

▼ 表4-07　4ビットで表現できる2進数

10進数	0	1	2	3	4	5	6	7
2進数	0000	0001	0010	0011	0100	0101	0110	0111

10進数	8	9	10	11	12	13	14	15
2進数	1000	1001	1010	1011	1100	1101	1110	1111

●10進数を2進数で表すには

10進数の値を2進数で表すには、10進数値を2で割り、その余りを逆順に並べます。例えば10進数の13なら、次の手順から1101になります。

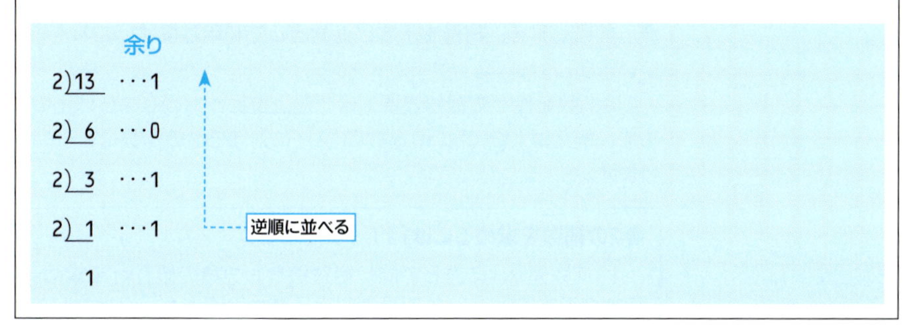

●2進数を10進数で表すには

2進数の値を10進数で表すには、2進数の重みを各桁に掛け、それらの和を求めます。桁の重みは、2の(桁数－1)乗になります。

たとえば、2進数の1101を10進数でどう表すか考えてみましょう。各桁の重みは2^3、2^2、2^1、2^0となるので、1101に重みを加えると次のようになります。

```
1101
→2³×1 + 2²×1 + 2¹×0 + 2⁰×1
→8 + 4 + 0 + 1
→13
```

なお、「1101」というように、数字だけでは10進数と2進数の区別がつきません。そこで2進数では次のように、添え字を付けて表現します。

$(1101)_2$

例題4-6(1)

Q1 次の2進数を10進数に変換しなさい。

1) 1010
2) 1110

Q2 次の10進数を2進数に変換しなさい。ただし、すべて4ビットで表現するものとします。

1) 5
2) 12

4-6-2 2の補数

2進数では負の値を考慮しておらず、マイナス記号も使用しません。負の値を扱う際は、最上位ビットを、符号を示すビットとして利用します。これを、**2の補数**(complement)といいます。

2の補数を使った数値表現では、最上位ビットが0ならば正の値、1ならば負の値を示します。例えば$(0010)_2$(10進数の「2」)に対する2の補数は、$(1110)_2$(10進数の「－2」)になります。

●2の補数を求めるには(1)

10進数値「x」に対して同じ絶対値をもつ負の値「-x」を求める際、「-x」をnビットの2の補数で表すと、「n桁で表現できる最大の値＋1－x」となります。

```
   (1111)2 ------ ❶ 4桁で表せる最大値
 + )(0001)2 ------ ❷ ❶に1を足す
  (10000)2 ------ ❸ 5桁で表せる最低値

   (1120)2 ------ ❹ ❸の2桁目で、3桁目から2を借りてくる
 - )(0010)2 ------ ❺ 元となる値を❹から引く
   (1110)2 ------ ❻ ❺の、2の補数
```

4桁の場合、$(1111)_2$が最大の値となるので、これに1を加えた値$(10000)_2$を一時的に考え、この値からxを引くわけです。つまり「n桁で表現できる最大の値＋1」は2^nで表すことができるので、xの2の補数は、次の式で求めることができます。

▶ xの2の補数

2^{n-x}

●2の補数を求めるには(2)

実は、(1)の方法よりも簡単な方法があります。$(0011)_2$を$(1100)_2$というように、値をビット反転してから1を足すと、2の補数を求めることができます。

```
   (0011)2 ------ ❶ 元となる値

   (1100)2 ------ ❷ ❶をビット反転する
 + )(0001)2 ------ ❸ ❷に1を足す
   (1101)2 ------ ❹ ❶の、2の補数
```

例題4-6(2)

Q1 次の10進数を8ビットの2の補数表現で表しなさい。

1) 10
2) 14

4-6-3 シフト演算子

ビットを左右の桁に移動することを、それぞれ左シフト・右シフトといいます。1ビット左シフトすると元の数値の2倍になり、逆に1ビット右シフトすると半分になります＊3。

次の例からわかるとおり、シフトによって空いた桁には0が入り、はみ出した桁は消滅します。そのためシフトし過ぎると、左シフトの場合オーバーフロー、右にシフトの場合アンダーフローとなってしまい、正しい結果が得られません。また、左シフトし過ぎると、次のように符号ビットが変化してしまうことがあります。

＊3 どうしてこうなるか、2進数の復習を兼ねて各自考えてみましょう。

▼ 図4-03　左シフトと右シフト

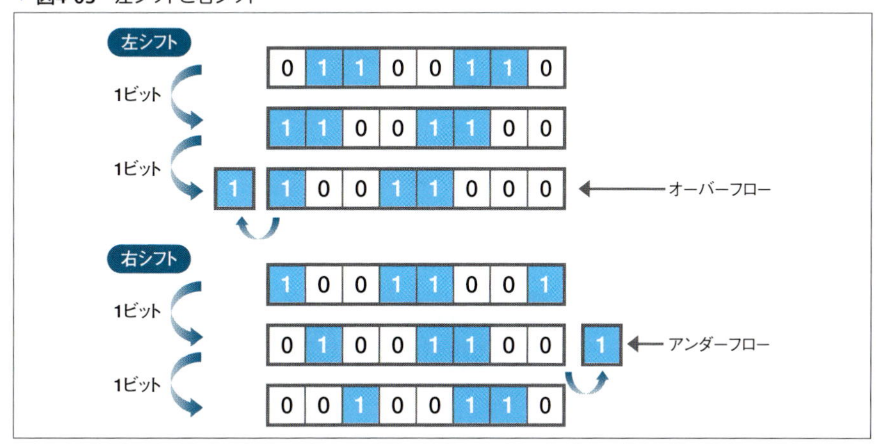

シフト演算子を使うと、指定した数だけビットを移動させることができます。「<<」が左シフト、「>>」が右シフトに相当します。シフト演算子は、符号を示す最上位ビットを変化させないようにシフトします＊4。

＊4 このようなシフトのことを、算術シフトといいます。

▼ 図4-04　シフト演算子「<<」「>>」

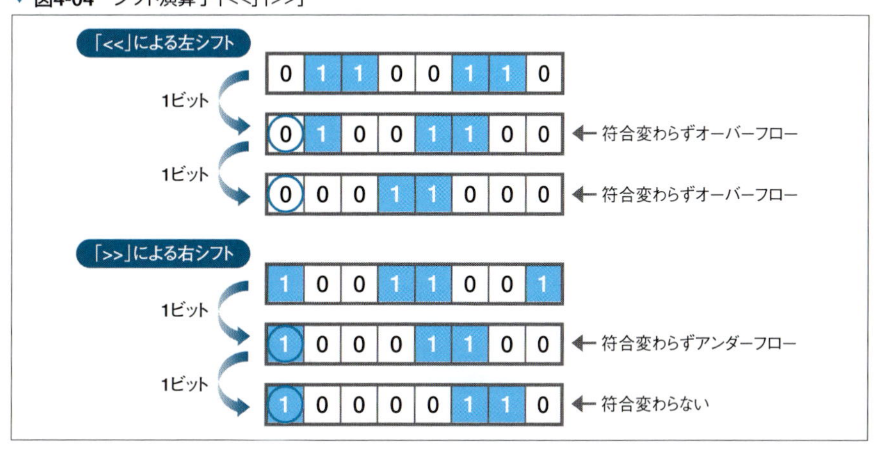

最上位ビットも移動させ、そこに0を入れるようシフトするには、「>>>」を使います＊5。

＊5 このような演算を、論理シフトといいます。

▼ **図4-05** 算術シフトと論理シフト

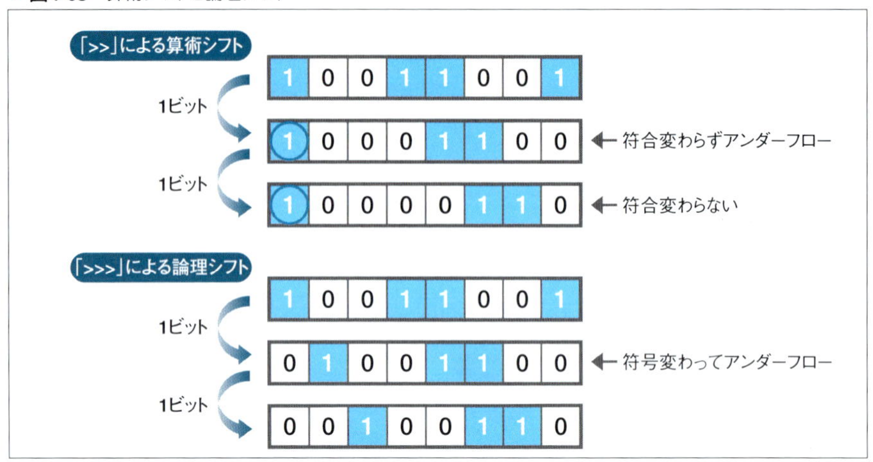

それでは、ビット演算を実際のプログラムで確認してみましょう。

▼ **リスト4-21** BitShift.jsh

```
01 {
02     System.out.println(7 << 2);
03     System.out.println(1024 >> 3);
04     System.out.println(-1024 >> 3);
05     System.out.println(-1024 >>> 3);
06 }
```

実行結果

❖ リスト解説

02行目

2桁左に移動＝2^2倍＝4倍となり、解は7×4で28です。

03行目

3桁右に移動＝2^{-3}倍＝1/8倍になり、解は128になります。

04行目

負の値をシフトしても、先頭の符号ビット（1）は変化しません。

05行目

「>>>」を使うと、符号ビット（最上位ビット）ごと左にシフトされ、空いた箇所には0が入るため、正の数になります。

例題4-6(3)

Q1 次の式をシフト演算子を用いた式に書き換えなさい。

1) `10 / 2`

2) `3 * 8`

4-6-4 ビット演算子

Javaで使用できるビット演算子は、「&」(AND)、「¦」(OR)、「^」(XOR)、「~」(NOT)の4種類です。「&」と「¦」は、論理演算子の「&&」と「¦¦」の記号をそれぞれ1つだけにしたものなので、混同しないように気をつけてください。

■「 & 」(AND)

2つの数値をビットごとに比較し、ある桁の両方が1であればその桁を1に、そうでなければ0にします。

▼ 図4-06 10 & 3

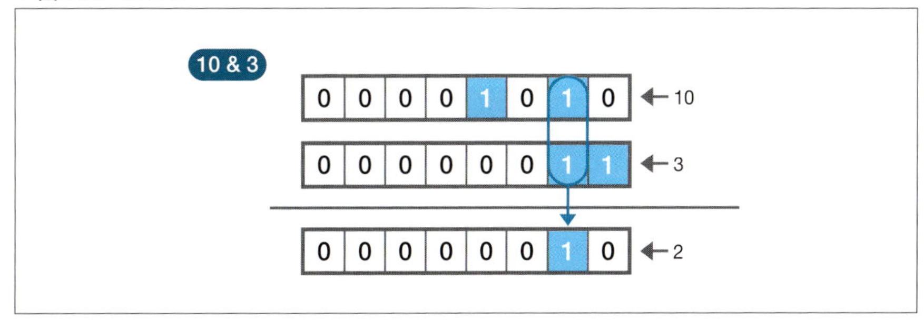

■「 ¦ 」(OR)

2つの数値をビットごとに比較し、ある桁の両方が0であればその桁を0に、そうでなければ1にします。

▼ 図4-07 10 ¦ 3

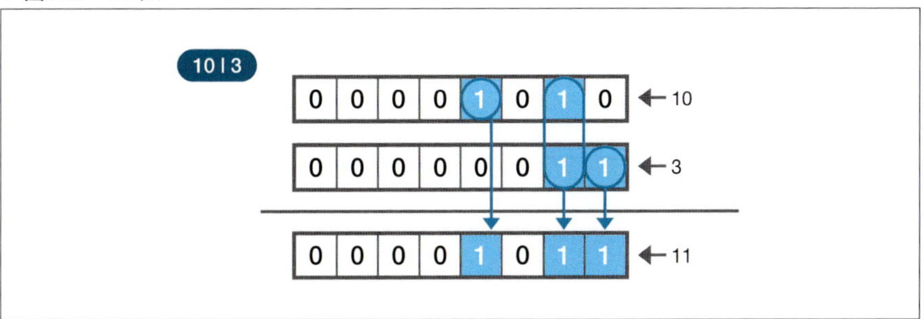

■「 ^ 」(XOR)

2つの数値をビットごとに比較し、ある桁が両方とも同じ値であればその桁を0に、そうでなければ1にします。つまり、各桁の値が異なっているところだけ1になります。

▼ 図4-08　10 ^ 3

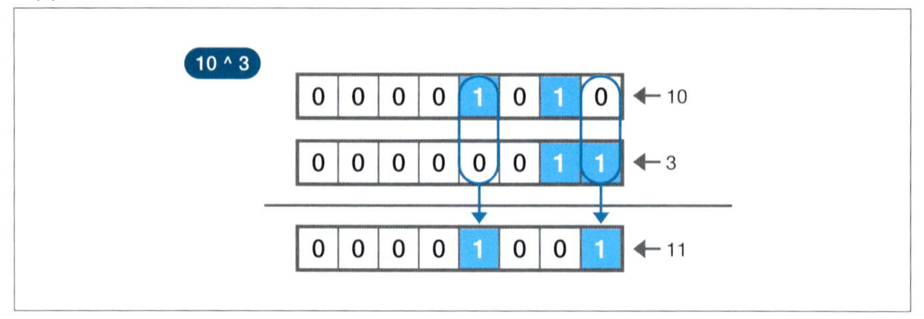

■「 ~ 」(NOT)

各桁のビットを反転させます。0ならば1に、1ならば0になります。

▼ 図4-09　˜ti10

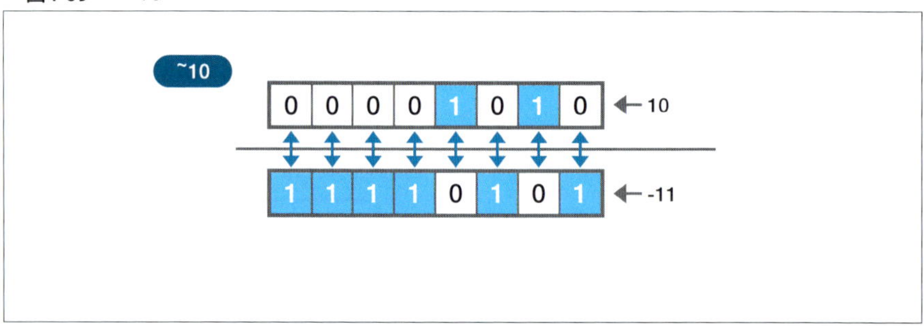

ビット演算子はデータの一部を取り出したり、あるビットが0か1かを判定する場合などに主に利用されます。ビット演算子の動作を次のプログラムで確認しましょう。

▼ リスト4-22　Bit.jsh

```
01 {
02     System.out.println(7 & 3);
03     System.out.println(33 ¦ 3);
04     System.out.println(10 ^ 5);
05     System.out.println(~63);
06 }
```

実行結果

```
3
35
15
-64

jshell>
```

例題4-6 (4)

Q1 次の各文はあるビット演算子を説明したものです。該当する演算子を答えなさい。

1) ある桁の両方が1であればその桁を1に、それ以外は0にする
2) ある桁の一方が1でもう一方が0であればその桁を1に、両方が1あるいは0であるときは0にする

なぜビット?

わざわざ2進数（ビット）を使わなくても、10進数で算術演算したり、変数を活用すれば良いんじゃないの？と思う人も多いことでしょう。PCで動くプログラムを作るときには、ビット処理はほとんど必要ありませんが、IoTで利用されるようなPCに比べてメモリが少なかったり処理速度の遅いコンピュータでプログラムを動かすときは、非常に有利に働きます。

ビットをずらすだけで計算ができるので、計算速度は非常に速くなりますし、ある値の1桁目は性別を表し、2桁目は午前午後を表すなど、一つの値に複数のデータを詰め込むことができるのです。

第1章で述べたとおり、Javaは大小様々なコンピュータで利用されている言語です。今後JavaでIoT機器のプログラミングをする機会もあるかもしれません。その時に備えて、ビット演算など2進数の処理をマスターしておきましょう。

4-7 二項演算子以外の演算子

演算子は別名オペレータともいいますが、そのオペレータが演算する対象のことを、オペランドといいます。例えば演算子「+」は、A+Bや1+2など、オペランドを2つ必要とします。このような、2つのオペランドを必要とする演算子を、二項演算子といいます。ここでは、オペランドを2つ以外必要とする演算子について解説します。

4-7-1 単項演算子

二項演算子を使って式を記述する際、次のように「演算の対象となる変数」と「その結果を代入する変数」が同一になることがあります。

```
x = x + 1;
```
二項演算子を使用した式

この式は、次のように簡略化することができます。

```
x += 1;
```
単項演算子を使用した式

このように、オペランドを1つだけ使用する演算子のことを、単項演算子といいます。

単項演算子を使用できる演算を次に示します。単項演算子は、元となる二項演算子の優先順位にかかわらず、最も低い優先順位（一番最後に計算される）になります。

▼ 表4-08　二項演算子から単項演算子への変換例

単項演算子	変換前		変換後
+=	a = a + b	➡	a += b
-=	a = a - b	➡	a -= b
*=	a = a * b	➡	a *= b
/=	a = a / b	➡	a /= b
%=	a = a % b	➡	a %= b
&=	a = a & b	➡	a &= b
¦ =	a = a ¦ b	➡	a ¦= b
^=	a = a ^ b	➡	a ^= b
<<=	a = a << b	➡	a <<= b
>>=	a = a >> b	➡	a >>= b
>>>=	a = a >>> b	➡	a >>>= b

ただし、次の例は誤りになります。演算子「/」の右側に変数がある除算の場合、単項演算子で式を簡略化することはできません。

```
a = 10 / a;
a /= 10;
```
a = a / 10; の意味になってしまう

では次のサンプルプログラムで、実行結果を確認してみましょう。

▼ リスト4-23　UnaryOperator.jsh

```
01 {
02     int a = 0;
03 
04     a += 10;
05     System.out.println(a);
06 
07     a -= 2;
08     System.out.println(a);
09 
10     a *= 5;
11     System.out.println(a);
12 
13     a /= 4;
14     System.out.println(a);
15 }
```

実行結果

4-7-2 インクリメント/デクリメント演算子

単項演算子の中でもインクリメント演算子とデクリメント演算子は、特殊な演算子で、変数の値に1加算（減算）するときに使用します＊1。

▶ インクリメント演算子++

オペランド++　または　++オペランド

▶ デクリメント演算子--

オペランド--　または　--オペランド

＊1　インクリメント演算子は第6章で説明する繰り返しの命令でよく利用されます。

記述例

```
hensu++;
```

変数の右側に付けるものを後置型、左側に付けるものを前置型といいます。これらの違いは、いつ1を加算（減算）するかです。前置型は、最初に1を加算（減算）します。それに対し後置型は、オペランドの処理を済ませてから1を加算（減算）します。他の式と一緒に使う際、次のように計算結果が異なってしまうことがありますから使用には注意が必要です。

▼ リスト4-24　InclimentOperator.jsh

```
01 {
02     int a;
03 
04     a = 0;
05     System.out.println(a++);
06     System.out.println(a);
07 
08     a = 0;
09     System.out.println(++a);
10     System.out.println(a);
11 }
```

実行結果

```
0
1
1
1

jshell>
```

例題4-7(1)

Q1　次の式を単項演算子を使って書き換えなさい。

1）x = x / y
2）x = x + 1
3）x = x * (-y)

4-7-3 条件演算子

＊2　3つの項（オペランド）を必要とすることから、三項演算子とも呼ばれます。

条件演算子は、条件によって処理内容を変えられる演算子です＊2。

条件演算子の書式は次のとおりです。オペランド1に書かれた条件を判断し、その結果がtrueならばオペランド2を、falseならばオペランド3を実行します。なお、オペランド1は結果が論理型でなければなりません。

▶ 条件演算子の書式

オペランド1 ? オペランド2 : オペランド3

記述例

```
x = a > b ? b : a;
```

▼ 図4-10　条件演算子

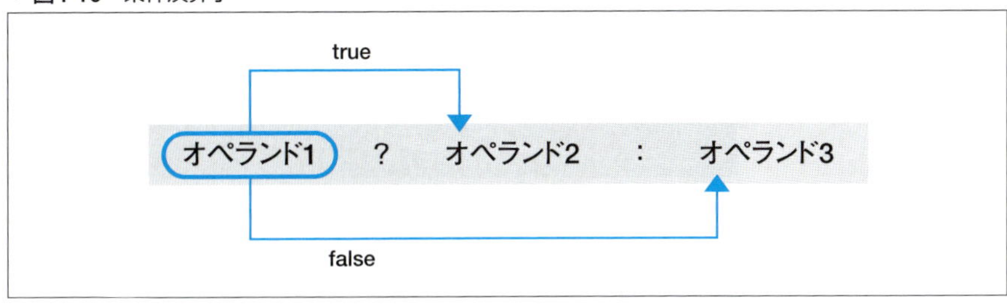

次の例では、変数aを2で割った余りが0か否か、つまり偶数か奇数かを判定しています。偶数ならばtrue、奇数ならばfalseが変数evenに代入されます。

▼ リスト4-25　ConditionalOperator1.jsh

```
01 {
02     int a;
03     boolean even;
04 
05     a = 5;
06     even = a % 2 == 0 ? true : false;
07     System.out.println(even);
08 }
```

実行結果

```
false

jshell>
```

もう1つ例題を考えてみましょう。次のプログラムは年齢が12歳以上であれば大人料金、それ以外は子供料金を代入するプログラムです。オペランド1は必ず論理型でなければなりませんが、オペランド2や3はどんな型の値や変数でも構いません。

▼ リスト4-26　ConditionalOperator2.jsh

```
01 {
02     int age, price;
03 
04     age = 15;
05     price = age < 20 ? 500 : 1000;
06     System.out.println("料金は" + price + "円です。");
07 }
```

実行結果

```
料金は500円です。

jshell>
```

オペランド3に三項演算子を用いることで、オペランド1がfalseだったときに、さらに条件を与えて判定をすることができます。

次のプログラムはchar型の変数cの値が大文字の時には小文字に、小文字の時には大文字にして表示し、数値や記号の場合はそのまま表示させます。少し複雑な演算になっていますが、1つずつ演算の過程を追ってプログラムの動きを理解しましょう。

▼ リスト4-27　ConditionalOperaton3.jsh

```
01 {
02     char c = 'C';
03
04     int a = c >= 'A' && c <= 'Z' ? c - 'A' + 'a':
05         c >= 'a' && c <= 'z' ? c - 'a' + 'A':c;
06     System.out.println("c = " + c + " a = " + (char)a);
07 }
```

変数cの値を'C'から'a'や'1'などに変更し、動作を確認してみましょう

実行結果

例題4-7 (2)

Q1　int型変数ageが20以上だとint型変数priceの値が10000になり、それ以外は2000になるよう、条件演算子を記述しなさい。

第5章

条件判断

これまでに紹介したプログラムでは、処理が上から下に順番に実行される一本道のプログラムでした。しかし、状況に応じて別の処理を行いたい場合もあるでしょう。ここでは、特定の条件を与えることで、処理の流れを分岐させせることができる方法について学びます。

5-1 単純な条件分岐（if）

プログラムの流れの構造のことを、制御構造といいます。制御構造には、これまでのように上から下に処理が順番に行われる「順次」、ある特定の条件下でのみ処理を行う「判断」、同じ処理を何度も行う「繰り返し」の3つがあります。本章では、2つめの制御構造である「判断」について説明を行います。

5-1-1 if文

「もしおこづかいが余っていたら、Javaの入門書を買ってみよう」というような状況は、私たちの日常生活においてよくあることです。プログラミングにおいても、ある条件を設定し、その条件が成り立つときだけ処理をさせることができます。

▼ 図5-01　もしおこづかいが余っていたら・・・

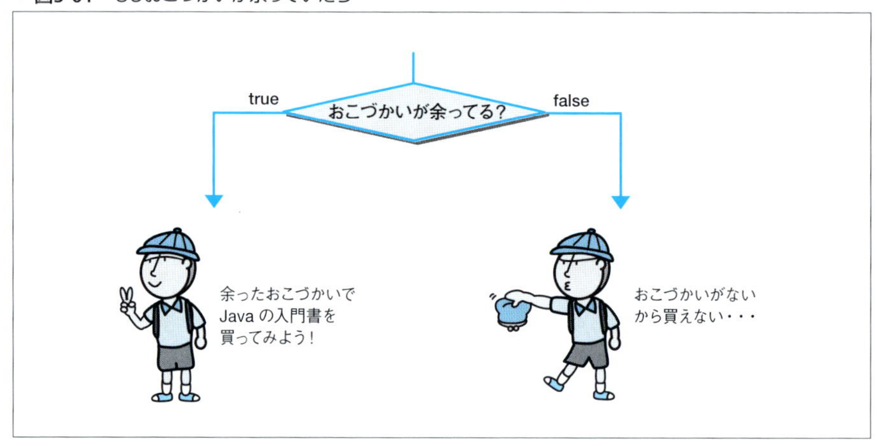

ifは、与えられた条件が成立するかしないか（「Yes」か「No」か）を判断します。ifには、判断する条件を記述した条件式が必要です。条件式は必ず( )で括り、その後に行わせたい処理を記述します。

▶ 条件分岐の書式

```
if （条件式） 処理;
```

記述例

```
if (a != 1) a = 1;
```

条件が成立するかどうかの判断には、trueかfalseの論理値（boolean型）しか使われません。そのため、条件には関係演算子や論理演算子を使った式か、論理型変数（またはリテラル）が使用されます。計算結果として、trueかfalseを返す比較演算子と関係演算子を**表5-01**に記します＊1。

＊1　比較演算子の詳細は**4-4**、論理演算子の詳細は**4-5**を参照してください。

▼ 表5-01　論理値を返す演算子

演算子	意味
<	～より小さい（小なり）
<=	～以下（小なりイコール）
==	等しい（等号）
!=	等しくない（ノットイコール）
>	～より大きい（大なり）
>=	～以上（大なりイコール）
&&	かつ（AND）
||	または（OR）
!	～でない（NOT）

＊2　これらのメソッドは**3-5-3**を参照してください。比較演算子を使用すること自体は誤りではありませんが、文字列を比較するのではなく、オブジェクトの比較を行います。

＊3　ブロックについては**2-3-2**を参照してください。

String型（文字列）の判定には、equals()またはequalsIgnoreCase()メソッドを使用してください＊2。処理が複数あるときは、それらの処理をブロック＊3で括らなければなりません。

▶ 条件分岐の応用書式

```
if (条件式) {
    処理1;
      :
    処理n;
}
```

記述例

```
if (a != 1) {      ------ aが1でないならば
  a = 1;           ------ aに1を代入し
  b = true;        ------ bにtrueを代入する
}
```

記述例の2つの式は、ブロックで括らないと、次のように2つ目以降の式が条件判断の結果によらず、常に実行されることになります。処理が1つだけでもブロックを用いることは可能なので、ifを使うときはプログラムの誤動作を避けるため、どんなときでもブロックを設けるように癖をつけておきましょう。

```
if (a != 1)   ------ 条件制御の影響下にあるのでaが1ではない時だけ実行される
  a = 1;
  b = true;   ------ 常に実行される
```

最後に、ifの例として標準体重（BMI）を求め、肥満率が20%以上の場合は警告メッセージを表示するプログラムを作成してみましょう。BMI（Body Mass Index）指数による標準体重は、次の式で求められます。

標準体重 ＝ 22 × (身長(m))^2

この標準体重をもとに、次の式で肥満率を計算します。

```
肥満率(%) = (実測体重(kg)ー 標準体重)/ 標準体重 × 100
```

結果が20%以上の場合は、「あなたは太りすぎです。」と表示するようにしましょう。

▼ リスト5-01　BMI1.jsh

```
01 {
02     double height, weight, weightAve, fat;
03 
04     height = 1.75;
05     weight = 85.5;
06 
07     weightAve = 22 * Math.pow(height, 2) ; ------標準体重を求める＊4
08     fat = (weight - weightAve) / weightAve * 100;
09 
10     System.out.print("あなたの肥満率は");
11     System.out.print(fat);
12     System.out.println("%です。");
13     if (fat >= 20) {
14         System.out.println("あなたは太りすぎです。");
15     }
16 }
```

＊4　Math.pow()は累乗を求めるための命令です。第1引数に累乗したい値、第2引数に乗数を渡します。例えば、2^3を求める時はMath.pow(2, 3)と記述します。

実行結果

```
あなたの肥満率は26.90166975881262%です。
あなたは太りすぎです。

jshell>
```

表示桁数が多すぎて見にくくなっているので、**3-1-6**で学んだSystem.out.printf()を使って、小数点以下を一桁まで表示させるように書き換えてみましょう。

▼ リスト5-02　BMI2.jsh

```
01 {
02     double height, weight, weightAve, fat;
03 
04     height = 1.75;
05     weight = 85.5;
06 
07     weightAve = 22 * Math.pow(height, 2);
08     fat = (weight - weightAve) / weightAve * 100;
09 
10     System.out.print("あなたの肥満率は");
11     System.out.printf("%2.1f", fat);
12     System.out.println("%です。");
13 
14     if (fat >= 20) {
15         System.out.println("あなたは太りすぎです。");
16     }
17 }
```

実行結果

```
あなたの肥満率は26.9%です。
あなたは太りすぎです。

jshell>
```

例題5-1（1）

Q1　次のプログラムの実行結果はどうなるか答えなさい。

```
int a = -1;

if (a > 0)
  System.out.println("Hello.");
  System.out.println("How are you?");
```

Q2　次のプログラムの誤りを指摘しなさい。

```
char c = 'A';

if (c = 'A') {
  System.out.println("A");
}
```


5-1-2 if else文

「もしおこづかいが余っていたら、Javaの入門書を買ってみよう」という例では、「おこづかいが余っていなかった場合」に「何もしない」ことになります。おこづかいが余っていなかったとき、諦めるのか、貯金を下ろすのか、行動を決定したくなることもあるでしょう。プログラムの場合においても、条件が成立しない（falseになる）場合に行う処理を記述することができます。

elseは、提示された条件が成立しない場合の処理を実行する命令です。

▶ elseの書式

```
if (条件式) {
    処理1;
} else {
    処理2;
}
```

▼ 図5-02　おこづかいが余っていない場合･･･

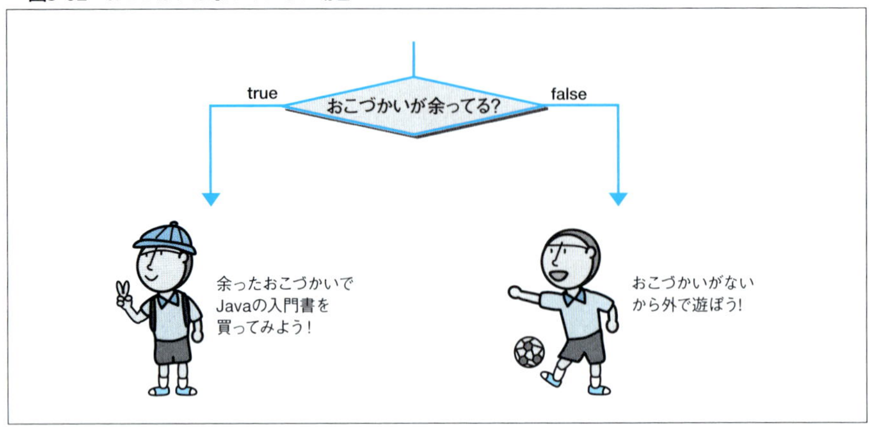

先ほどの**リスト5-01**では、肥満率が20%以上でないとメッセージが表示されませんでした。そこで、肥満率が20未満である場合にもメッセージを表示する処理を、このelseを使って追加しましょう。

▼ **リスト5-03**　BMI3.jsh

```
01 {
02     double height, weight, weightAve, fat;
03 
04     height = 1.75;
05     weight = 71.5;
06 
07     weightAve = 22 * Math.pow(height, 2);
08     fat = (weight - weightAve) / weightAve * 100;
09 
10     System.out.print("あなたの肥満率は");
11     System.out.printf("%2.1f", fat);
12     System.out.println("%です。");
13 
14     if (fat >= 20) {
15         System.out.println("あなたは太りすぎです。");
16     } else {
17         System.out.println("あなたは太りすぎではありません。");
18     }
19 }
```

実行結果

```
あなたの肥満率は6.1%です。
あなたは太りすぎではありません。

jshell>
```

4-7-3で学んだ条件演算子は、「条件式がtrueだったらある処理を行い、falseだったら別の処理を行う」というif else文と同じ動きをするもです。**リスト5-03**に示したBMI3.jshのif else文を条件演算子を使って書き換えてみましょう。

▼ **リスト5-04** BMI4.jsh

```
01 {
02     double height, weight, weightAve, fat;
03 
04     height = 1.75;
05     weight = 71.5;
06 
07     weightAve = 22 * Math.pow(height, 2);
08     fat = (weight - weightAve) / weightAve * 100;
09 
10     System.out.print("あなたの肥満率は");
11     System.out.printf("%2.1f", fat);
12     System.out.println("%です。");
13 
14     System.out.print("あなたは太りすぎで");
15     System.out.print(fat >= 20 ? "す。": "はありません。");
16 }
```

5-1-3 if else文の応用

「おこづかいが余っていなくても、貯金があれば下ろしてJavaの入門書を買ってみよう」というように、別の条件にさらに分岐させたい場合があります。

▼ **図5-03** 貯金があれば・・・

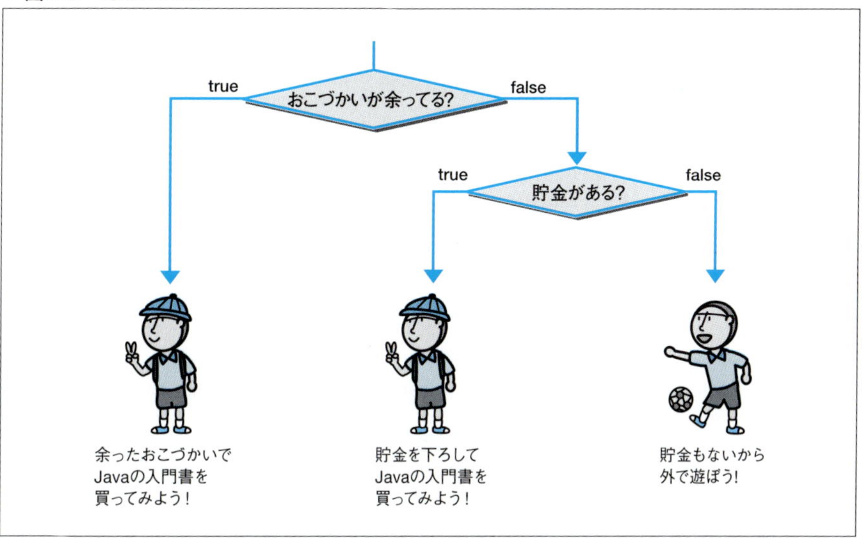

このようなときは、次のように構文を入れ子にすることで、条件の分岐先を増やすことができます。

▶ elseの応用スタイル1

```
if (条件式1) {
    処理1;
} else {
    if (条件式2) {
        処理2;
    } else {
        if (条件式3) {
            処理3;
        } else {
            処理4;
        }
    }
}
```

2つめのif else文

3つめのif else文

このような入れ子構造のことをネスト(nest)といいます。

ただしネストが深くなりすぎると可読性が悪くなるので、次のようにelse ifという表記を使うのが一般的です。

▶ elseの応用スタイル2

```
if (条件式1) {
    処理1;
} else if (条件式2) {
    処理2;
} else if (条件式3) {
    処理3;
} else {
    処理4;
}
```

このelse ifを使って、肥満率が－10以下のときに「あなたは痩せすぎです。」と表示するプログラムを作成してみましょう。

▼ リスト5-05　BMI5.jsh

```
01 {
02     double height, weight, weightAve, fat;
03 
04     height = 1.75;
05     weight = 50.5;
06 
07     weightAve = 22 * Math.pow(height, 2);
08     fat = (weight - weightAve) / weightAve * 100;
09 
10     System.out.print("あなたの肥満率は");
```

```
11      System.out.print(fat);
12      System.out.println("%です。");
13
14      if (fat >= 20) {
15          System.out.println("あなたは太りすぎで");
16      } else if (fat <= -10) {
17          System.out.println("あなたは痩せすぎです。");
18      } else {
19          System.out.println("あなたは太りすぎではありません。");
20      }
21  }
```


実行結果

```
あなたの肥満率は-25.04638218923933%です。
あなたは痩せすぎです。

jshell>
```

例題5-1（2）

Q1 次のプログラムの実行結果はどうなるか答えなさい。

```
int a = -1;

if (a < 0)
  System.out.println("Hello.");
else
  System.out.println("How are you?");
```

Q2 どんなときでも次の実行結果になるよう、次のプログラムの空欄を埋めなさい。

実行結果

```
Hello.

jshell>
```

```
if (  ①  )
  System.out.println("Hello.");
else
  System.out.println("How are you?");
```

5-1-4 複数の条件式

if文で「条件が成り立ったときには〜する」という処理ができるようになりましたが、そこで扱える条件は、1つだけでした。「もしおこづかいが余っていて、気力もあったら、Javaの入門書を買ってみよう」というように、複数の条件が重なっている場合は、論理演算子を使います。

▼ 図5-04 おこづかいと気力があったら・・・

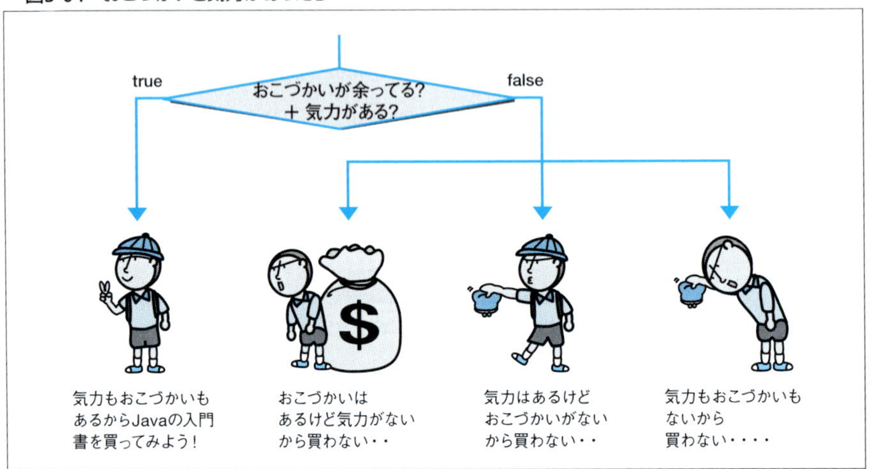

論理演算子を使えば、「条件Aと条件Bがともに成り立ったときには〜する」や、「条件Aか条件Bのどちらか一方でも成り立ったときには〜する」という記述ができます。

▶ 条件1〜nがすべて成立したときに処理を行う

```
if ((条件式1) && (条件式2) ··· && (条件式n)) {
    処理;
}
```

▶ 条件1〜nのうち、少なくとも1つが成立したときに処理を行う

```
if ((条件式1) || (条件式2) ··· || (条件式n)) {
    処理;
}
```

では、肥満度が−10よりも大きく20よりも小さいとき「あなたは普通です。」と表示するプログラムを、論理演算子を使って書いてみましょう。

▼ リスト5-06　BMI6.jsh

```
01 {
02     double height, weight, weightAve, fat;
03 
04     height = 1.75;
05     weight = 70.0;
06 
07     weightAve = 22 * Math.pow(height, 2);
08     fat = (weight - weightAve) / weightAve * 100;
09 
10     System.out.print("あなたの肥満率は");
11     System.out.print(fat);
12     System.out.println("%です。");
13 
14     if ((fat > -10) && (fat < 20)) {
15         System.out.println("あなたは普通です。");
16     }
17 }
```

実行結果

```
あなたの肥満率は3.896103896103896%です。
あなたは普通です。

jshell>
```

例題5-1（3）

Q1 次の条件式の結果はそれぞれの変数の値によってどう決定されるか、表の空欄を埋めて示しなさい。なお、表中の---は、trueまたはfalseのどちらかの値をとるものとします。

```
A && B || C
```

A	B	C	結果
①	---	false	false
---	false	false	②
true	false	③	false
---	---	true	true
④	⑤	---	true

Q2 次の文章を条件式で記述しなさい。

「AかBであり、しかもCでない」

Q3 リスト5-06（BMI6.jsh）のif文中の条件式「(fat > -10) && (fat < 20)」を&&以外の論理演算子を使って同じ意味を持つように書き換えなさい。ただし、比較演算子は何を使っても良い。

boolean型変数を使った条件の記述

以下のように、論理型変数の値がtrueのときに処理を実行する場合を考えてみましょう。

▼ **リスト5-A** Hantei1.jsh

```
01 {
02     boolean student = true;
03 
04     if (student == trre) {
05         System.out.println("学生割引が適用されます");
06     }
07 }
```

条件式は、

```
student == true
```

となっているので、変数studentの値がtrueだったときに「学生割引が適用されます」という表示がなされます。

条件式は文法的にも正しく問題ありませんが、条件式の結果が何になるか、もう一度考えてみてください。

変数studentの値がtrueであれば、true == trueですから条件式の結果はtrueになります。変数studentの値がfalseであれば、false == trueですから条件式の結果はfalseになります。つまり、student == true という条件式は、変数studentの値そのものと同じなのです。そのため、プログラムは次のように簡潔に書くことができます。

▼ **リスト5-B** Hantei2.jsh

```
01 {
02     boolean student = true;
03 
04     if (student) {
05         System.out.println("学生割引が適用されます");
06     }
07 }
```

5-2 複数の条件分岐（switch）

いくつもの判断を行って処理内容を決定する必要がある場合には、if文を列挙することになってしまい、処理の流れを把握しにくくなってしまいます。このような時には、**switch文**を使用して複数の条件に対応した処理を記述していきます。

5-2-1 switch文

例えば、行う処理が変数の値によって異なる場合、if文を使うと次のような記述になります。

```
if (a == 1) {
  変数aの値が1のときに実行する内容
} else if (a == 2) {
  変数aの値が2のときに実行する内容
} else if (a == 3) {
  変数aの値が3のときに実行する内容
}
```

これだけならましですが、分岐がさらに増えると、プログラムの可読性が非常に悪くなります。このとき**switch文**を使うと、if文で記述するよりもすっきり表現できる上、多種の判断を行うことができます。

swicth文の基本的な書式は、次のとおりです。

▶ switchの書式

```
switch (変数) {
    case 値1: 処理1;
    case 値2: 処理2;
       ・      ・
       ・      ・
       ・      ・
    case 値n: 処理n;
    default:  処理m;
}
```

記述例

```
switch (counter) {
  case 1: System.out.println("3行表示");
  case 2: System.out.println("2行表示");
  default: System.out.println("1行表示");
}
```

switchの右側にある()に入る値は整数型（short、byte、int）＊1かchar型、String型、列挙型でなければならず、浮動小数点型の変数や小数を含む値は指定できません。この値を判定し、個々のcaseに分岐します。

＊1 整数型でもlong型は使用できません。

分岐後は、以降の全処理を順番に実行します。例えば記述例の場合、変数counterの値が1なら「3行表示」「2行表示」「1行表示」すべてを表示します。

式の値がどの定数にも一致しないときは、**default**部分の処理だけを実行します。何もする必要がない場合などは、defaultを省略することも可能です。

では、最初に示したif文の例をswitch文で書き直してみましょう。

```
switch (a) {
  case 1 : 変数aが1のときの処理;
  case 2 : 変数aが2のときの処理;
  case 3 : 変数aが3のときの処理;
}
```

この記述は一見正しいようにみえますが、変数aの値が1の場合、「変数aが2のときの処理」も「変数aが3のときの処理」も実行されてしまいます。

▼ 図5-05　switch文の初期状態

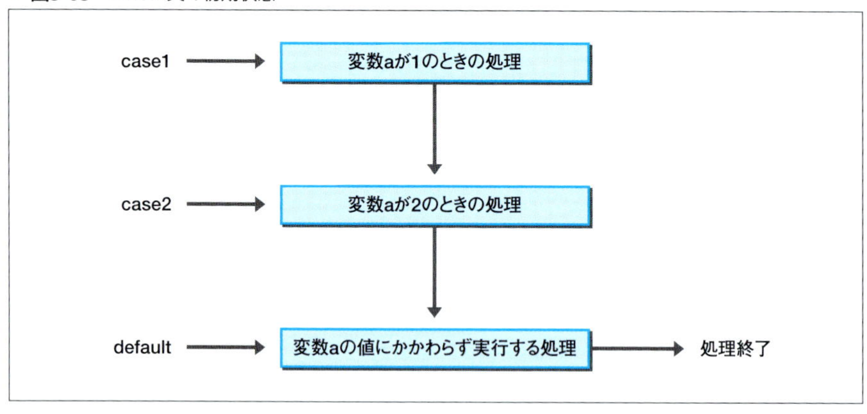

5-2-2 break文

break文を使用すると、好きな場所でswitchの処理を抜け出すことができます。

▶ switchの応用スタイル2

```
switch (変数) {
    case 値1: 処理1;
              break;
    case 値2: 処理2;
              break;
        :      :
    case 値n: 処理n;
              break;
    default:  処理m;
              break;
}
```

例えば先ほどのif文の例を正しく書き直すと、次のようになります。

```
switch (a) {
  case 1 : 変数aが1のときの処理;
           break;
  case 2 : 変数aが2のときの処理;
           break;
  case 3 : 変数aが3のときの処理;
           break;
}
```

▼ 図5-06　break文を用いたswitch文

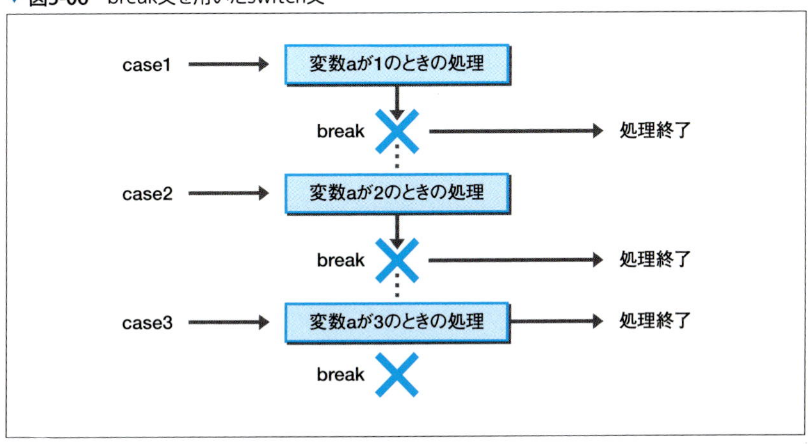

「case 3」の後には何も処理がないので、break文は省略可能です。ただし、将来case 4を追加したときなどに、間違いのもとになる恐れがあります。明記する必要がなくても記述しておくようにしましょう。

5-2-3 switch文の応用

switch文では、1つのcaseにつき、いくつでも処理を書くことができます。

▶ switchの応用スタイル1

```
switch (変数) {
    case 値1: 処理1-1;
              処理1-2;
                 :
              処理1-i;
        :        :
    case 値n: 処理n-1;
              処理n-2;
                 :
              処理n-k;
    default:  処理m;
}
```

さらに、複数のcaseで同一の処理を行う場合は、まとめることもできます。

▶ switchの応用スタイル2

```
switch (変数) {
    case 値1:
    case 値2:
    case 値3:
        :
    case 値n: 処理1;
    default:  処理2;
}
```

次のプログラムでは、monthの値が1,3,5,7,8,10,12の時には、いずれも**13、14行目**の処理が実行されます。

▼ リスト5-07　Days.jsh

```
01 {
02     int month, day;
03 
04     month = 8;
05 
06     switch (month) {
07         case  1:
08         case  3:
09         case  5:
10         case  7:
11         case  8:
12         case 10:
13         case 12: day = 31;
14                  break;
15         case  2: day = 28;
16                  break;
17         default: day = 30;
18     }
19     System.out.print(month);
20     System.out.print("月は");
21     System.out.print(day);
22     System.out.println("日です。");
23 }
```

実行結果

```
8月は31日です。

jshell>
```

例題5-2 (1)

Q1　次のif文をswitch caseを使って書き換えなさい。なお、ansもaも、ともにint型変数です。

```
if (ans == 1) {
 a = 1;
} else {
 if ((ans > 1) && (ans < 3)) {
   a = 2;
 } else {
   a = 3;
 }
}
```

if(A && B)とif(B && A)は同じ?

if文では条件演算子を用いて複数の条件を記述することが可能です。「AでありBであるとき～せよ。」という命令を表現するには、次の2つの記述が可能です。

```
if (A && B) {
    処理
}
```

```
if (B && A) {
    処理
}
```

実はこの2つのif文は、等価ではありません。**4-5-1**で説明したように、論理演算では短絡評価が働きます。変数が条件判断の対象となる場合は問題ありませんが、メソッド(**第7章**で解説)など、何らかの操作を伴った条件の判断となると、条件によっては実行されないという、思わぬ事態を引き起こすことになります。安全にプログラムを動作させるには、この短絡評価をうまく利用しましょう。メソッドの説明は行っていないので時期尚早ですが、1つ例を示します。

入力されたデータの3文字目がXだったときにtrueを返すメソッドをAとします。このメソッドは入力データが2文字以下の場合、3文字目を見つけられずチェックに失敗するため、実行時エラーを引き起こしてしまいます。そこで、もう1つの条件「入力データの文字数>=3」を用意します(便宜上これをBと表記します)。このとき次のように記述すれば、Bがfalseのとき Aは実行されないので、実行時エラーは発生しません。

```
if (B && A)
```

Bがtrueであれば入力データが3文字以上であることが保証されるので、メソッドを実行しても、実行時エラーは発生しなくなります。

第6章

繰り返し

「会社に在籍中は平日に出社する」「6歳から12歳まで平日には小学校に通う」など、ある条件（「会社に在籍」「6歳から12歳まで」）のもと、繰り返しは私たちの身近に常に存在しています。条件を与え、その範囲を超えない限り処理を繰り返させるようにすれば、プログラムを大幅に簡略化することが可能になります。

6-1 指定回数の繰り返し

ある特定の処理を何度も行う場合、繰り返す条件を示すことで、同じ処理の繰り返しを行うことができます。for文は、繰り返す回数が決まっているときに使用します。

6-1-1 for文

例えば、"Hello!"というメッセージを5回表示するプログラムを作成するとします。プログラムの記述に沿って、上から下へと順番に処理が実行されるので次のようになります。

このプログラムでは、2行目から6行目が同じ文になっていますが、ひと目では何回メッセージが出力されるのか判断しにくいですよね。また、仕様変更で表示するメッセージを「Hello.」から「こんにちは。」に変更することになったとしたら、すべてのHello.を修正しなければなりませんから、大変です。

▼ リスト6-01　HelloPrint5.jsh

```
01 {
02     System.out.println("Hello.");
03     System.out.println("Hello.");
04     System.out.println("Hello.");
05     System.out.println("Hello.");
06     System.out.println("Hello.");
07 }
```

「Hello.と表示する命令を5回繰り返す」と記述すれば、何回表示されるかも判りやすいですし、仕様変更への対応も1箇所修正するだけで済みます。

このような繰り返し処理を記述するのが、for文です。繰り返す内容を1度だけ記述しておけば、あとは何回繰り返すのかを、最初に指定しておくだけで繰り返し処理を実現できます。

▼ リスト6-02　HelloLoop.jsh

```
01 {
02     for (int i=0; i<5; i++) {
03         System.out.println("Hello.");
04     }
05 }
```

実行結果

```
Hello.
Hello.
Hello.
Hello.
Hello.

jshell>
```

順次で記述したプログラムに比べ、すっきりした記述になっています。5という数値がプログラム中に明記されているので、「5回繰り返す」ということが、プログラムを見ただけですぐにわかります。

では、詳しい書式を見てみましょう＊1。

＊1　for文のデータの流れは次のようになっています。

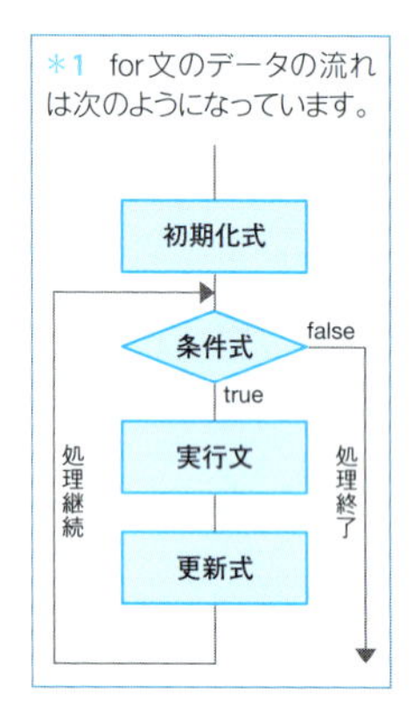

▶ for文の基本スタイル

```
for (初期化式; 条件式; 更新式) {
    処理;
}
```

記述例

```
for (i=0; i<5; i++) {
  System.out.println("Hello.");
}
```

1回処理を行うたびにi(初期値0)に1を足す
iが5未満である間にこれを繰り返す

基本スタイルの書式には、「初期化式」「条件式」「更新式」という3種の式が使われています。これらの式では、繰り返した数をカウントするために、**制御子**という変数を使用します*2。

*2 制御子には慣習として、iやjという変数名がよく使われます。

リスト6-02では、2行目で変数iが0(初期化式)から5未満(条件式)の時に、3行目を実行し、iの値を1増やす(更新式)という指示を行っているのです。そのため、Hello.の出力がiが0から4まで変化する計5回行われ、iが5になった時点でforによる繰り返しが終了します。

ここで、for文が終了した時点での変数iの値は5になっていることに注意してください。また、**リスト6-02**では変数iをfor文の初期化式で宣言しています。この場合、変数iの有効範囲(スコープ)は2行目から4行目までの{}で括られているforのブロック内になります。そのため、次のように範囲を超えて変数iを参照することはできません。

▼ **リスト6-03** HelloLoopError.jsh(エラーが発生します)

```
01 {
02     for (int i = 0; i < 5; i++) {
03         System.out.println("Hello.");
04     }
05     System.out.println("i = " + i);
06 }
```

変数iが範囲を超えて用いられている

このような場合は、変数iの宣言をfor文の前に行っておく必要があります。

▼ **リスト6-04** HelloLoop2.jsh

```
01 {
02     int i;
03 
04     for (i = 0; i < 5; i++) {
05         System.out.println("Hello.");
06     }
07     System.out.println("i = " + i);
08 }
```

実行結果

```
Hello.
Hello.
Hello.
Hello.
Hello.
i = 5

jshell>
```

第6章 繰り返し

*3　条件式がはじめからfalseになるような初期化式を書くと、全く処理が行われないことになります。

●初期化式・・・制御子の初期設定を行う

初期化式では変数（制御子）の最初の値を設定します。この初期値から更新式の計算をし、条件式の条件を満たさなくなったときに繰り返し処理を終了します*3。

●条件式・・・繰り返しの条件（回数）を記述する

条件式は論理型を示すものでなければならず、if文と同様、関係演算子を使った式か論理型変数が入ります。

for文には、直接「5回繰り返す」と回数を指定することができません。代わりに変数を使い、「変数がある条件を満たさなくなったら繰り返さない」と記述します。つまり、条件式の結果がtrueである限り、繰り返し処理が行われることになります。

*4　繰り返し処理の範囲を明確に示すためにも、本書ではいずれも{}でくくることにします。

●更新式・・・繰り返す処理（{ }の中の処理）の実行が1巡したときに実行される

if文と同様、繰り返したい処理が1つしかない場合には、for()の後の{}を記述する必要はありません*4。

6-1-2 式の設定

リスト6-02では、「繰り返しに使う変数iを0から始めて（**初期化式**）、1ずつ増やしていき（**更新式**）、iが5未満の間（**条件式**）、処理を繰り返す」という意味でした。しかし回数は同じ5回でも、次のように初期値を100にして記述することもできます。

```
for (int i=100; i<105; i++) {
  System.out.println("Hello.");
}
```

繰り返し変数iは宣言と初期化を同時に行っていますが、次のようにスコープ内ですでに宣言済みである場合、変数名が重複するので宣言に失敗します。

```
int i; ------ 変数iを宣言
  :
for (int i=0; i<5; i++) { ------------ 再び宣言している
  System.out.println("Hello.");
}
```

*5　式と変数宣言を一緒に記述したり、型の異なる変数を宣言することはできません。

また、「,」（カンマ）で区切ると、初期化式や更新式を複数記述することができます*5。

```
for(int i=1, j=10; i<5; i++,j--) { ---- i=1とj=1、i++とj++を記述している
  System.out.println(i*j);
}
```

では、指定回数の繰り返し処理の応用として、次の計算を考えてみましょう。

*6　余談ですが、この1から1000までの計算は、for文を使わなくても簡単な掛け算と足し算で実現できます。どのようにするか考えてみましょう。

```
x = 1 + 2 + 3 + 4 + 5 + … + 999 + 1000
```

1から1000までの足し算を1つ1つ入力していたのでは大変です。このような式は、指定回数の繰り返しを使うと、簡単に実現することができます。

まずはこの式を、次のように分解してみましょう。足す値を前よりも1ずつ大きくしていく計算と考えられます*6。

```
x = 1;
x += 2;    x = 1 + 2と同じ
x += 3;    x = 1 + 2 + 3と同じ

  :

x += 1000; x = 1 + 2 + 3 + … + 999 + 1000と同じ
```

すると、この計算は繰り返し変数を利用することで、次のように簡単に記述することができることがわかります。

```
x = 0;                          xの値を0に初期化
for (i = 1; i <= 1000; i++) {
  x += i;
}
```

*7 初期化式を「i=1」、条件式を「i<=1000」としていることに注意してください。変数iを処理内容で使用するので、最初の1や最後の1000が計算に含まれるよう設定しています。

変数iは初期値が1でその後、計算するたびに値が1ずつ増えてきます。つまり、for文の1回目の実行では「x += 1;」が実行され、1000回目では「x += 1000;」が実行されることになります*7。

6-1-3 式の省略と無限ループ

初期化式、条件式、更新式は省略することが可能ですが、初期化式以外を省略すると繰り返しが終了しなくなる場合があります。このような状況を**無限ループ**といいます*8。

▶ 無限ループ

```
for ( ; ; ) {
    処理;
}
```

記述例

▼ 初期化式の省略例

```
i = 500;
x = 0;
for ( ; i <= 1000; i++) {    繰り返しは変数iが500から実行される
  x += i;
}
```

▼ 条件式の省略例

```
x = 0;
for (int i=0; ; i++) {    繰り返しは終了しない
  x += i;
}
```

▼ 更新式の省略例

```
x = 0;
for (int i=0; i<=1000; ) {    変数iは0のままなので繰り返しは終了しない
  x += i;
}
```

*8 無限ループは、標準入力(**第10章**で解説)された値で処理を実行するときなど、入力待ちが必要な場合などに用いられます。

初期化式、更新式は1つだけとは限らない

for文の初期化式や更新式には、,（カンマ）で区切ることで複数の式を書くことができます。1から1000までの足し算を行うプログラムを、複数の更新式で記述をすると、次のようにも書くことができます。繰り返す処理として、ブロック内には何も記述していませんが、更新式として繰り返し変数xにiを加えるので、合計を計算できます。

▼ **リスト6-A**　Fukusuu1.jsh

```
01 {
02     int x=0;
03     for (int i=1; i<=1000; x+=i, i++) {}
04     System.out.println("合計は" + x);
05 }
```

ただし、順番に式が処理されるので、次のようにi++を先に書いてしまうと、1増えたiがxに代入されるために計算の内容（結果）が異なってしまうので、注意しましょう。

▼ **リスト6-B**　Fukusuu2.jsh

```
01 {
02     int x=0;
03     for (int i=1; i<=1000; i++, x+=i) {}
04     System.out.println("合計は" + x);
05 }
```

実行結果

```
合計は500500

jshell> {
   ...>  int x=0;
   ...>  for (int i=1; i<=1000; i++, x+=i) {}
   ...>  System.out.println("合計は" + x);
   ...> }
合計は501500

jshell>
```

6-2 条件指定の繰り返し

for文が特定回数の繰り返しに使われるのに対し、while文とdo while文ではある特定の条件の間、処理を繰り返させることもできます。

6-2-1 while文（先判断）

まずは、while文から説明を行っていきます＊1。

▶ 基本スタイル

```
while(条件式) {
    処理;
}
```

＊1　while文の処理の流れは次のようになっています。

＊2　この式に論理値trueを直に設定すると、無限ループとなります。逆にfalseを設定すると、繰り返し処理は一度も行われません。

while文の条件式は、for文の条件式と同じ働きをします。結果が論理型のtrueである限り、処理が繰り返されます＊2。

では、**リスト6-01**をwhile形式に書き直してみましょう。

▼ **リスト6-05**　HelloLoop3.jsh

```
01 {
02     int i = 0;
03 
04     while(i<5) {
05         System.out.println("Hello.");
06         i++;
07     }
08 }
```

実行結果

```
Hello.
Hello.
Hello.
Hello.
Hello.

jshell>
```

2行目の制御変数iの初期化、**6行目**の計算式i++は、それぞれfor文の初期化式と更新式に相当します。このルールを覚えておけば、for文とwhile文で処理を書き直すことも可能です。

例題6-2 (1)

Q1 次のfor文をwhile文に書き換えました。空欄を埋めなさい。

▼ プログラムリスト (for文)

```
{
    for (int i=5; i>0; i--) {
        System.out.print("No.");
        System.out.println(i);
    }
}
```

▼ プログラムリスト (while文)

```
{
    int i= [   ①   ] ;

    while(i [   ②   ] 0) {
        System.out.print("No.");
        System.out.println(i);
        i--;
    }
}
```

Q2 Q1のwhile文プログラムを、さらに次のように書き換えました。
同じ結果が得られるよう、空欄を埋めなさい。

```
{
    int i= [   ①   ] ;

    while(!(i< [   ②   ] )) {
        System.out.print("No.");
        System.out.println(--i);
    }
}
```

6-2-2 do while文（後判断）

while文では、繰り返し処理を実行する前に条件の判定を行っていました。しかしdo while文では、この判定を最初の処理の実行後に行います。そのため、条件の合う合わないは別として、最初の1回は必ず実行されます＊3。

▶ 基本スタイル

```
do {
    処理;
} while(条件式);
```

＊3 do while文のデータの流れは次のとおりです。

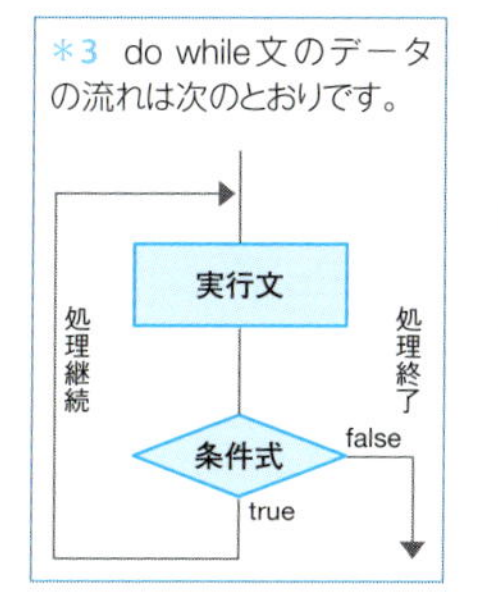

do while文は、条件判断が最後にある以外、while文と同じです。do while文による繰り返し処理の動作を確認してみましょう。

▼ リスト6-06　HelloLoop4.jsh

```
01 {
02     int i = 0;
03
04     do {
05         System.out.println("Hello.");
06         i++;
07     } while(i<5);
08 }
```

実行結果

```
Hello.
Hello.
Hello.
Hello.
Hello.

jshell>
```

例題6-2（2）

Q1　次のプログラムをdo while文を使って書き換えなさい。

```
{
    int i=5;

    while(i>0) {
        System.out.print("No.");
        System.out.println(--i);
    }
}
```

6-3 繰り返しの制御

for, while, do whileの3つの繰り返し文は、条件式が満たされている限り、処理を繰り返します。しかしこれらを組み合わせたり、break文やcontinue文を使うことで、繰り返し処理を条件式以外でも制御することができます。

6-3-1 繰り返し処理の多重化

繰り返し文もネストすることができるので、繰り返し処理の中で、さらに繰り返し文を使用することが可能です。このような処理を、多重ループといいます。

for文を使った2重ループのプログラムで、その動作を確認してみましょう。

▼ **リスト6-07** DoubleLoop.jsh

```
01 {
02     for(int i=1; i<10; i++) {
03         for(int j=1; j<10; j++) {
04             System.out.print(i*j);
05             System.out.print(" ");
06         }
07         System.out.println();
08     }
09 }
```

段の値10個を表示（横列）

内側のループが終わったら次の行に移る

実行結果

```
1 2 3 4 5 6 7 8 9
2 4 6 8 10 12 14 16 18
3 6 9 12 15 18 21 24 27
4 8 12 16 20 24 28 32 36
5 10 15 20 25 30 35 40 45
6 12 18 24 30 36 42 48 54
7 14 21 28 35 42 49 56 63
8 16 24 32 40 48 56 64 72
9 18 27 36 45 54 63 72 81

jshell>
```

このプログラムは、九九を計算するプログラムです。内側のfor文がその段の値をすべて表示します。外側のfor文の更新式がループ変数iを1増やし、次の段に移ります。

変数jが1から9まで変化し、内側のループを抜け（ j が10となる）、**7行目**で改行を行ってから、外側のループがiを1増やします。

例題6-3（1）

Q1 リスト6-07を、次の実行結果が得られるプログラムに書き換えなさい。

実行結果

```
81 72 63 54 45 36 27 18 9
72 64 56 48 40 32 24 16 8
63 56 49 42 35 28 21 14 7
54 48 42 36 30 24 18 12 6
45 40 35 30 25 20 15 10 5
36 32 28 24 20 16 12 8 4
27 24 21 18 15 12 9 6 3
18 16 14 12 10 8 6 4 2
9 8 7 6 5 4 3 2 1
```


6-3-2 break文（強制終了）

switch処理にも出てきた**break文**は、繰り返し処理を強制終了します。通常はif文とともに用いられ、ある条件が成立したときにbreakするようにします。

break文の書式は、次のようになります。

▶ for文の強制終了

```
for (初期化式; 条件式; 更新式) {
    処理1;
    if (条件式) break;
    処理2;
}
```

▶ while文の強制終了

```
while(条件式) {
    処理1;
    if (条件式) break;
    処理2;
}
```

▶ do while文の強制終了

```
do {
    処理1;
    if (条件式) break;
    処理2;
} while (条件式);
```

いずれの文でも、処理1は実行されます。しかしifの判断でbreak文が実行されると、その時点で繰り返し処理が強制終了し、処理2は行われません。

*1 5行目のdata.lengthは配列dataの要素数を表しています(**3-4-5**参照)。

では、実際のプログラムで確認してみましょう*1。

▼ **リスト6-08** ForBreak.jsh

```
01 {
02     int[] data = {5, 3, 7, -1, 4, 2, 9};
03 
04     for (int i=0; i<data.length; i++) {
05         if (data[i] < 0) {
06             break;            0未満になったときループ終了
07         }
08         System.out.println(data[i]);
09     }
10 }
```

実行結果

```
5
3
7

jshell>
```

配列dataには7つのデータが格納されています。for文の条件式は「i<data.length」なので、7回繰り返しを行います。しかし要素の値が負だとbreakするようになっているので、4回目(data[3])の処理を開始した時点で、処理が強制終了します。

6-3-3 continue文(中断)

continue文は、繰り返し処理を中断します。break文と異なり、繰り返し処理そのものは終了しません。その周回におけるcontinue以降の処理を飛ばして、次の周回に移ります。

▶ **for文の中断**

```
for (初期化式; 条件式; 更新式) {
    処理1;
    if (条件式) continue;
    処理2;
}
```

▶ **while文の中断**

```
while(条件式) {
    処理1;
    if (条件式) continue;
    処理2;
}
```

▶ do while文の中断

```
do {
    処理1;
    if (条件式) continue;
    処理2;
} while (条件式);
```

ifの判断でcontinueが働くと、処理2は実行されません。しかし繰り返し処理自体は継続するので、次のループでcontinueが働かなければ、処理2は実行されます。そのためcontinue文は、次のように書き換えることができます。

```
処理1;
if (!条件式) {
  処理2;
}
```

continue文を使ったプログラムの例を、次に示します。

▼ リスト6-09　ForContinue.jsh

```
01 {
02     for (int i=0; i<10; i++) {
03         if (i%2 == 0) {
04             continue;          余りが0のとき次の周回へ
05         }
06         System.out.println(i);
07     }
08 }
```

実行結果

```
5
7
9

jshell>
```

iが偶数(2で割ったときのあまりが0)のときにcontinue文が働くので、次のprintln()メソッドが実行されません。結果として、continue文の働かない奇数だけが表示されます。

例題6-3(2)

Q1 次の実行結果が得られるよう、for文とbreak文を使ってプログラムを作成しなさい。

```
1
2 4
3 6  9
4 8  12 16
5 10 15 20 25
6 12 18 24 30 36
7 14 21 28 35 42 49
8 16 24 32 40 48 56 64
9 18 27 36 45 54 63 72 81
```

6-3-4 ラベル

break文とcontinue文は繰り返し文の中に記述し、繰り返される処理に対して、終了したり中断したりしていました。ラベルを使うと、ループを飛び越してこれらの処理を実行することができます。使い方は次のとおりです。

▶ for文

```
ラベル名:
for (初期化式; 条件式; 更新式) {
    処理1;
    if (条件式) breakかcontinue ラベル名;
    処理2;
}
```

▶ while文

```
ラベル名:
while(条件式) {
    処理1;
    if (条件式) breakかcontinue ラベル名;
    処理2;
}
```

▶ do while文

```
ラベル名:
do {
    処理1;
    if (条件式) breakかcontinue ラベル名;
    処理2;
} while (条件式);
```

次のプログラムは、ラベルの例です。iが5以上でかつjが6以上になると、ラベルouter_loopが付いている外側のfor文を終了します。そのため内側のfor文でbreakしても、外側のiは更新されません。そのため、計算そのものが5×6までで終了しています。

▼ リスト6-10　LabelTest.jsh

```
01 {
02     outer_loop:
03     for (int i = 1; i < 10; i++) {
04         for (int j = 1; j < 10; j++) {
05             System.out.print(i * j);
06             System.out.print(" ");
07             if (i >= 5 && j >= 6) {
08                 break outer_loop;
09             }
10         }
11     System.out.println();
12     }
13 }
```

5×6でbreak

ラベルのついた外側のループが強制終了

実行結果

```
1 2 3 4 5 6 7 8 9
2 4 6 8 10 12 14 16 18
3 6 9 12 15 18 21 24 27
4 8 12 16 20 24 28 32 36
5 10 15 20 25 30
jshell>
```

ラベルをbreakやcontinueと組み合わせて使用すると、内側の繰り返しや外側の繰り返しといった、繰り返しの構造を無視した制御が可能になります。しかし多くの場合、プログラムの流れが不明瞭になり、プログラムミスの検出＊2が困難になります。知識の習得にとどめ、できる限り使用しないように努めましょう。

＊2　プログラムの誤りを検出することを、デバッグといいます。

拡張for文

6-1では指定回数の繰り返しを行うためにfor文を紹介しました。本節では配列の要素全てを順番に取り出して処理を行う場合に用いる**拡張for文**について解説します。

6-4-1 拡張for文とfor文の違い

配列の要素すべてを順番に取り出して処理を行う場合などは、次のように配列の要素数＊1を条件式に記述しておく必要があります。

＊1 配列の要素数は配列名.lengthで取得できます（**3-4-5**参照）

▼ **リスト6-11** StFor.jsh

```
01 {
02     int[] data = {1, 2, 3, 4, 5};
03 
04     for (int i=0; i<data.length; i++) {
05         System.out.println(data[i]);
06     }
07 }
```

実行結果

```
jshell> {
   ...>     int[] data = {1, 2, 3, 4, 5};
   ...>
   ...>     for (int i=0; i<data.length; i++) {
   ...>         System.out.println(data[i]);
   ...>     }
   ...> }
1
2
3
4
5

jshell>
```

これに対して、拡張for文は、変数を利用して配列の要素＊2を順番に1つずつ取り出して、その変数に代入し繰り返し処理に使うことができます。ただし、一部の要素だけを取り出したり、任意の順番で要素を取り出すことはできません。

＊2 厳密には拡張for文は配列だけでなく、ArrayListクラスなどのコレクションフレームワークを利用したものについて利用することができます。

拡張for文の書式は次のとおりです。

▶ 拡張for文の書式

```
for (型 変数 : 配列名) {
    繰り返す処理
}
```

記述例

```
for (int num : data) {
    System.out.println(num);
}
```

それでは、この拡張for文を使って**リスト6-11**を書き換えてみましょう。拡張for文を使うことで繰り返し処理がすっきりと記述できることがわかります。

▼ **リスト6-12** ExFor.jsh

```
01 {
02     int[] data = {1, 2, 3, 4, 5};
03 
04     for (int num : data) {
05         System.out.println(num);
06     }
07 }
```

実行結果

```
jshell> {
   ...>     int[] data = {1, 2, 3, 4, 5};
   ...>
   ...>     for (int num : data) {
   ...>         System.out.println(num);
   ...>     }
   ...> }
1
2
3
4
5

jshell>
```

空のforループの表現方法

6-1-2で述べたように「,」(カンマ)を使うと、for文の初期化式と更新式に複数の文を記述することができます。このとき、更新式に文を複数記述すると、判定式でfalseとなったとき(forループが終了する時)にも処理を実行させられます。例えば、1から1000までの足し算を行うプログラムは、次のように書くことができます。

```
for (i = 1; i < 1000; x+=i, i++) {
```

このようにすると、for文で繰り返す内容は更新式の中にあるので、{ }の中には何も記述する必要がなくなります。このようなfor文には、次のように何も処理を書かないブロックを記述します。

```
for (i = 1; i < 1000; x+=i, i++) {}
```

これ以外にも、次の2つの方法があります。もちろん、これらの方法と文ブロックを組み合わせて使用することも可能です。

●空文を使う

```
for (i = 1; i < 1000; x+=i, i++);
```

文ブロックではないので、for文が繰り返す対象は、直後の1文だけになります。しかしその文が空文「;」なので、何もしない処理を繰り返すことになります。文法上は問題ありませんが、誤って「;」を消してしまうと、次に書かれた文が繰り返しの対象になってしまいます。また、「;」を見落とすなど、可読性にも問題が生じます。

●continueを使う

```
for (i = 1; i < 1000; x+=i, i++) continue;
```

繰り返し処理をcontinueで次の周回に進めています。空文使用時の問題点も生じず、「繰り返す処理はないが、このfor文は実行する必要がある」という意思を明示することができます。

第7章

メソッド

ある特定の処理を行うプログラムをまとめたメソッドを使うことで、複雑なプログラムを単純なものに切り分けることができるようになります。本章ではメソッドの基本的な書式やメソッドからのメソッド呼び出しについて説明します。

7-1 Javaプログラムの入力と実行

これまでは、JShellを使って簡易的にJavaプログラミングを体験し、変数の宣言や条件判断などのJavaの基本的な事項について動作確認をしてきました。ここから先は、JShellでは扱いにくい事柄について学習していきますので、本格的なJavaのプログラムの作成方法について説明します。

7-1-1 プログラムの入力

まずはメモ帳などのテキストエディタやプログラミングエディタでHello.javaという空ファイルを開き、以下のプログラムを入力してみましょう＊1。入力後は保存してエディタを閉じます（ここでは、Cドライブの直下に「SRC」フォルダを作成してそのフォルダ内に保存しています）。

＊1 空白も含め、すべて半角文字で入力してください。

▼ リスト7-01　Hello.java

```
01 class Hello {
02     public static void main(String[] args) {
03         System.out.println("Hello.");
04     }
05 }
```

classの後のこの名前のことを、クラス名といいます＊2。

1行目のクラス名Helloに.javaを追加したものを、このプログラムのファイル名にしましょう＊3。JShellでは.jshを付けていましたので、間違えないように注意しましょう。

このプログラムはこれまでJShellで入力していた部分に対して、冒頭（1～2行目）に、

＊2 ファイル名も大文字（Aなど）と小文字（aなど）が区別されます。注意して入力してください。

＊3 クラス名の前にpublicがついている場合、ファイル名は必ずクラス名.javaでなければなりません。

```
class クラス名 {
    public static void main(String[] args) {
```

が、末尾（4～5行目）に、

```
    }
}
```

がそれぞれ追加されていますね＊4。JShellで動かしてきたプログラムの前に1～2行目を追加し、後に4～5行目を追加することで、スニペットではない正式なJavaのプログラムにすることができます。

＊4 冒頭が{で始まっているJShellのスニペットでは、内側の{}は追加する必要はありません。

7-1-2 プログラムのコンパイル（翻訳）

プログラムを動かせるようにするには、入力したプログラムをマシン語に翻訳しなくてはなりません。この作業を、コンパイルといい、コンパイルを行うプログラムをコンパイラといいます。

Javaのプログラムを Javaバーチャルマシン用のマシン語に翻訳するコンパイラはjavacという名前です。これを、翻訳するプログラムのファイル名と共にコマンドプロンプトから入力します。

▶ コンパイルの実行

```
javac ファイル名
```

```
javac Hello.java
```

＊5 コンパイルは、Javaの実行プログラムを作成するために、必ず行わなければならない作業です。

javacの後に、コンパイルするファイルの名前を付けて実行します＊5。ここでは、コマンドプロンプトに、実行例のとおりに入力してください。

プログラムの入力に文法的な間違いがあると、コンパイラ（javac）は翻訳を行うことができず、エラーメッセージを表示します。その場合は、テキストエディタなどでエラー部分を修正して、再びコンパイルを行わなければなりません。プログラムを修正しても、保存をしていなければコンパイラは間違いのある古いプログラムを再びコンパイルすることになります。コンパイルを行う前に、修正したプログラムをちゃんと保存しているか、確認を忘れないようにしましょう。

コンパイルが成功すると、マシン語に翻訳されたクラスファイルが生成されます。クラスファイルはクラス名.classという名前が付けられています。dirコマンドでHello.classというファイルができているのを確認しましょう（**図7-01**）。

▼ **図7-01** Hello.classが生成されているのを確認

```
C:¥SRC>javac Hello.java

C:¥SRC>dir
 ドライブ C のボリューム ラベルは OS です
 ボリューム シリアル番号は DA54-F0BA です

 C:¥SRC のディレクトリ

2018/10/09  10:50    <DIR>          .
2018/10/09  10:50    <DIR>          ..
2018/10/09  10:50               410 Hello.class
2018/10/09  10:49               108 Hello.java
               2 個のファイル                 518 バイト
               2 個のディレクトリ  16,691,286,016 バイトの空き領域

C:¥SRC>
```


7-1-3 プログラムの実行

＊6 java Hello.classのように.classを付けてファイル名で指定してしまうと、JavaインタプリタはHello.class.classというファイルを探して実行しようとします。

コンパイラによって作成されたマシン語のプログラムを実行するためには、Javaインタプリタを使用します。Javaインタプリタは、**1-2**で説明したJavaバーチャルマシン用のマシン語プログラムを解釈して実行させるプログラムです。

Javaのプログラム（クラスファイル）を実行するには、コマンドプロンプトから次のようにタイプします。プログラムの指定は、クラス名だけで行います。.classを付けないように注意してください＊6。

▶ プログラムの実行

```
java クラス名
```

記述例

```
java Hello
```

次のように画面上に「Hell.」と表示されれば成功です。

実行結果

```
C:¥SRC>java Hello
Hello.

C:¥SRC>
```

7-1-4 プログラム実行時に発生するエラー

Javaプログラムのコンパイルに成功しても、実行させるときにエラーが発生する場合があります(これをランタイムエラーといいます)。主なエラーの例とその対処方法について、以下に記します。

■クラス名の間違い(java.lang.ClassNotFoundException)

Javaインタプリタがプログラム(クラス)を見つけられない場合に発生するエラーです。javaの後に指定しているクラス名に間違いがないか、.javaや.classなどの拡張子がついていないかを確認しましょう。

実行結果

```
C:¥SRC>java Hallo
Exception in thread "main" java.lang.NoClassDefFoundError: Hallo
Caused by: java.lang.ClassNotFoundException: Hallo
        at java.net.URLClassLoader$1.run(Unknown Source)
        at java.security.AccessController.doPrivileged(Native Method)
        at java.net.URLClassLoader.findClass(Unknown Source)
        at java.lang.ClassLoader.loadClass(Unknown Source)
        at sun.misc.Launcher$AppClassLoader.loadClass(Unknown Source)
        at java.lang.ClassLoader.loadClass(Unknown Source)
        at java.lang.ClassLoader.loadClassInternal(Unknown Source)
Could not find the main class: Hallo.  Program will exit.

C:¥SRC>
```

■コマンドの間違い

Javaインタプリタの起動に失敗しています。Javaインタプリタjavaを正しくタイプしているかを確認してください。また、インタプリタのコマンドjavaとクラスの間には、必ずスペースを入れてください。

実行結果

```
C:¥SRC>javaHello
'javaHello' は、内部コマンドまたは外部コマンド、
操作可能なプログラムまたはバッチ ファイルとして認識されていません。

C:¥SRC>
```

例題7-1（1）

Q1 次のプログラムMyName.javaの空欄を埋め、あなたの名前を表示させなさい。

```
class MyName {
    public static void main(String[] args) {
        System.out.println("My Name is [        ]);
    }
}
```

Q2 次のプログラムError5.javaはコンパイルに失敗します。その理由を述べなさい。

```
class Error5 {
    public static void main(String[] args) {
        System.out.println(Hello);
    }
}
```


プログラミング用フォント

プログラムを入力中に「字が小さすぎて読めない！」という時は、使用しているターミナルやエディタの環境設定などで使用しているフォントサイズを大きめに変更しましょう。フォントサイズを大きくすることで、0とOの違いなどが大分判りやすくなります。しかし、それでも見分けが付きにくかったり、半角スペースと全角スペースなど、見た目だけでは判定できないこともあります。

そのような場合は、ターミナルやエディタで使用しているフォントをプログラミング用のものに変更しましょう。図に示すように0の様に斜線が入っていたり、全角スペースを使うと枠が表示されて区別が付きやすくなります。

●プログラミング用フォントRicty Diminished

https://www.rs.tus.ac.jp/yyusa/ricty_diminished.html

```
1
2    数字のゼロは 0 と表示されます。
3
4    英字の大文字アイと小文字エル、そして数字のイチは、それぞれ I、l、1と表示されます。
5
6    半角スペースは となりますが、全角スペースは　となります。
7
8
```

7-2 メソッドの基本

特定の処理をひとまとめにしたものをメソッド(method)と呼びます。このメソッドが理解できると、プログラミングが大幅に楽になります。ここでは、そのメソッドの基本を学習しましょう。

7-2-1 メソッドを使った簡単なプログラム

第6章では、同じ処理を何度も繰り返すときに、for文やwhile文を使って繰り返し処理を行うことを学びました。では、リスト7-02のプログラムのように同じ処理が連続していない場合はどのようにすればよいでしょうか。

▼ リスト7-02　SixMessages.java

```
01 class SixMessages {
02   public static void main(String[] args) {
03     System.out.println("*** top ***");
04     System.out.println("Hello.");
05     System.out.println("Hello.");
06     System.out.println("Hello.");
07     System.out.println("*** middle ***");
08     System.out.println("Hello.");
09     System.out.println("Hello.");
10     System.out.println("Hello.");
11     System.out.println("*** end ***");
12   }
13 }
```

実行結果

```
C:¥SRC>java SixMessages
*** top ***
Hello.
Hello.
Hello.
*** middle ***
Hello.
Hello.
Hello.
*** end ***

C:¥SRC>
```

Javaでは処理が共通している部分を1つにまとめ、それを呼び出すことができます。このような、何度も実行される処理を1つの機能としてまとめにしたものをメソッド(method)と呼びます。このメソッドを使って、上記のプログラムの4行目〜6行目と8行目〜10行目をまとめるとリスト7-03のようになります。

▼ リスト7-03　SixMessages2.java

```
01 class SixMessages2 {
02   static void message() {
03     System.out.println("Hello.");
04     System.out.println("Hello.");
05     System.out.println("Hello.");
```

```
06     }
07 
08     public static void main(String[] args) {
09         System.out.println("*** top ***");
10         message();
11         System.out.println("*** middle ***");
12         message();
13         System.out.println("*** end ***");
14     }
15 }
```

実行結果

```
C:¥SRC>java SixMessages2
*** top ***
Hello.
Hello.
Hello.
*** middle ***
Hello.
Hello.
Hello.
*** end ***

C:¥SRC>
```


この()を使った書き方は、**第2章**から何度も登場している、print()やprintln()で見慣れています。これらはメッセージを表示させる機能を持ったメソッドだったのです。また、すべてのプログラムで登場している、

```
public static void main (String[] args) {…}
```

もmain()というメソッドです。

2行目のpublic static voidの後のmessageをメソッド名と言い、10行目や12行目のようにメソッド名()を記述することで、そのメソッドを呼び出す事ができます。つまり、10行目でmessage()メソッドを呼び出したので、message()メソッドの中身である3行目から5行目の処理が実行されHello.というメッセージが3回表示されます。12行目でも同様にmessage()メソッドが呼び出されているので、さらに3回メッセージが表示される事になります。

7-2-2 メソッドの書き方

メソッドの最も単純な書式は次のとおりです。

▶ **メソッドの書式**

```
static void メソッド名() {

    メソッドの内容

}
```

●メソッド名

メソッド名は変数名と同じルールで設定することができます。後述しますが、働きが違うメソッドに同じ名前を付けることも可能です。変数名の決め方の復習も兼ねて、ここでもう一度おさらいをしておきましょう。

●メソッドの内容

メソッドの内容には、処理を実現するための具体的な内容を、これまでに学習した変数、演算子、ifやforなどの制御構造などを使いながら記述します。

なお、メソッドは**リスト7-04**のように、呼び出す側と呼び出される側（メソッド定義）の順序が逆になっても構いません。

▼ **リスト7-04**　SixMessages3.java

```
01 class SixMessages3 {
02   public static void main(String[] args) {
03     System.out.println("*** top ***");
04     message();
05     System.out.println("*** middle ***");
06     message();
07     System.out.println("*** end ***");
08   }
09
10   static void message() {
11     System.out.println("Hello.");
12     System.out.println("Hello.");
13     System.out.println("Hello.");
14   }
15 }
```

実行結果

```
C:¥SRC>java SixMessages3
*** top ***
Hello.
Hello.
Hello.
*** middle ***
Hello.
Hello.
Hello.
*** end ***

C:¥SRC>
```

ただし、**リスト7-05**のようにmain()メソッド中でmessage()メソッドを定義するなど、メソッド定義内に他のメソッドを定義することはできません。

▼ リスト7-05　SixMessages4.java（エラーになります）

```
01 class SixMessages4 {
02   public static void main(String[] args) {
03     System.out.println("*** top ***");
04     void message() {
05       System.out.println("Hello.");
06       System.out.println("Hello.");
07       System.out.println("Hello.");
08     }
09     message();
10     System.out.println("*** middle ***");
11     message();
12     System.out.println("*** end ***");
13   }
14 }
```

実行結果

```
C:¥SRC>javac SixMessages4.java
SixMessages4.java:4: 式の開始が不正です。
                void message() {
                ^
SixMessages4.java:4: ';' がありません。
                void message() {
                            ^
エラー 2 個

C:¥SRC>
```

例題7-2（1）

Q1　リスト7-04を修正して"Good bye."というメッセージを表示するメソッドmessage2()を作成しなさい。なお、main()メソッドは次のとおりである。

```
public static void main(String[] args) {
  message();
  message2();
}
```

例題7-2（2）

Q1　message()メソッドからmessage2()メソッドを呼び出して、"Hello."の後に"Good bye."を表示させるよう、message()メソッドを書き換えなさい。なお、main()メソッドは次のとおりである。

```
public static void main(String[] args) {
  message();
}
```

7-3 引数と戻り値

7-1ではメソッド名の前には必ずvoidが付いていました。また、メソッド名の後の()もなぜ括弧が必要なのか判りませんね。これらはメソッドの戻り値と引数という、メソッドの動作に影響を与えたり、メソッドの実行結果をメソッドを呼び出したところに伝えたりするために、必要な記述なのです。

7-3-1 引数

7-2でのmessage()メソッドの働きは、メッセージを3回表示させるというものだけでした。3回以上メッセージを表示させるためには、メソッドの呼び出し時に回数の情報を知らせ、それをメソッドが受け取る仕組みが必要です。次のように、引数を使ってメソッド呼び出しの時にメソッドに必要な情報を渡します。

記述例 ▼ 引数を使ったメソッド呼び出しの例

```
message(2);
```

この例では、message()メソッドを呼び出すときに、整数(int型)の値2を引数としてメソッドに渡しています。一方、呼び出されるmessage()メソッド側も、引数を受け取ることができるようにしておかなければなりません。int型の値が引数として渡される訳ですから、message()メソッドの定義もそれにあわせて次のように変える必要があります。

```
static void message(int n){
  message()メソッドの内容
}
```

これまでは、message()としていたものに、int型変数nの宣言が追加されています。この変数nには、メソッドの引数(この場合は2)が代入されます。引数を使用したメソッドの最も単純な書式は次のようになります。

▶ **メソッドの書式**

```
static void メソッド名([型 引数]) {
    メソッドの内容
}
```

それでは、実際に引数を使ってプログラムを変更してみましょう(**リスト7-06**)。

▼ **リスト7-06** SixMessages5.java

```
01 class SixMessages5 {
02
03   static void message(int n) {
04     for (int i = 0; i < n; i++) {
05       System.out.println("Hello.");
06     }
```

```
07     }
08
09     public static void main(String[] args) {
10       System.out.println("*** top ***");
11       message(2);
12       System.out.println("*** middle ***");
13       message(4);
14       System.out.println("*** end ***");
15     }
16   }
```

実行結果

```
C:¥SRC>java SixMessages5
*** top ***
Hello.
Hello.
*** middle ***
Hello.
Hello.
Hello.
Hello.
*** end ***

C:¥SRC>
```


1回目の呼び出しでは引数として2を、2回目の呼び出しでは4を与えていますから、メッセージはそれぞれ2回、4回表示されています。このように、同じメソッドでも引数を変えることでその動作をコントロールすることができるのです。

例題7-3 (1)

Q1 引数として渡した文字列を表示されるように、message()メソッドを書き換えなさい。なお、main()メソッドは次のとおりである。

```
public static void main(String[] args) {
  message("Good morning.");
  message("Good afternoon.");
  message("Good evening.");
}
```

例題7-3 (2)

Q1 整数の2乗を求めるsquare()メソッドを作成しなさい。

例題7-3 (3)

Q2 int型の引数が偶数であれば「偶数です。」奇数であれば「奇数です。」という表示を行う、check()メソッドを作成しなさい。

7-3-2 複数の引数

メソッドと引数の関係がわかったところで、複数の引数について考えてみましょう。例えば、2つの引数の大小を比較して、どちらが大きいを判別するmax()というメソッドを考えます。この場合、メソッドを呼び出す場合は2つの値を与えなければいけません。2と3の2つの値を引数とする場合、次の2つの表現が考えられます。

方法1

```
max(2);
max(3);
```

方法2

```
max(2, 3);
```

方法1の場合、max()メソッドを1つの引数で2回呼び出す事になりますから、引数同士の比較にはなりません。方法2のように、一度のメソッド呼び出しで2つの引数を渡す必要があるのです。

一方、max()メソッドはint型の引数を2つ受け取らなければなりませんから、max()メソッドの宣言も次のようになります。

```
static void max(int x, int y) {
  max()メソッドの内容
}
```

引数は渡された順に値が代入されるので、max(2, 3);としてmax()メソッドを呼び出した場合、変数xには1つ目の引数である2が代入され、変数yには3が代入されます。

実際に**リスト7-07**のプログラムで動作を確認してみましょう。

▼ リスト7-07　Max1.java

```
01 class Max1 {
02   static void max(int a, int b) {
03     if (a > b) {
04       System.out.println(a);
05     } else {
06       System.out.println(b);
07     }
08   }
09
10   public static void main(String args[]) {
11     max(1, 2);
12     max(-3, -4);
13   }
14 }
```

実行結果

```
C:¥SRC>java Max1
2
-3

C:¥SRC>
```

例題7-3 (4)

Q1 実数mのn乗を求めるメソッドpower()を作成しなさい。ただし、引数はdouble型m, int型nの順とする。

7-3-3 戻り値

メソッドmax()によって、2つの値の大きい方を知ることができるようになりましたが、その結果はディスプレイに表示されるだけですから、計算や代入に利用することはできません。

メソッドは計算結果を表示するだけでなく、メソッドを呼び出した側に値を返すことができ、この値を戻り値と呼びます。例えば、次のようにmax()メソッドによる戻り値を変数の代入に利用することができます。

```
int ans = max(123, 456);
```

int型変数ansにはメソッドを呼び出す、という行為が代入されるのではなく、max(123, 456)の結果である456の値が代入されます。戻り値がある場合のメソッドの最も単純な書式は次のとおりです。

▶ **メソッドの書式**

```
static 型 メソッド名([型 引数 ...]) {
    メソッドの内容
    return  メソッドの戻り値;
}
```

● メソッドの型

メソッドは必ず処理を終了すると値を返します。「値を返す」というのは、例えば三角関数のsinのように、y = sin(x)の式でxに何らかの値を入れると、それに応じた値がyに入ります。このような状態を「sinが値を返す」と呼びます。

メソッド名の前にある「型」はそのメソッドが終了したときに返す値の種類を示します。メソッドが処理を実行して何らかの計算結果が得られる場合は、その計算結果の型を記述します。もし、値を返す必要がなければ型に**void**と書きます。このvoidという型は、「型のない型」という特殊な型です。

● return

メソッドを終了させ、その後ろに書かれている値を戻り値としてメソッドを呼び出した側に返します。このときの値によってメソッド型が決まります。例えば、0.5のような実数が戻り値になる場合は、メソッドの型はdoubleやfloatの実数型でなければなりませんし、123のような整数が戻り値になる場合はintなどの整数型でなければなりません。

Max1.javaを戻り値を使ってmain()メソッドで値を表示するプログラムに変更してみましょう(**リスト7-08**)。戻り値は必ずしも変数に代入する必要はありませんから、16行目のように戻り値を直接System.out.println()メソッドに渡して値を表示させることもできます。

▼ リスト7-08 Max2.java

```
01 class Max2 {
02   static int max(int a, int b) {
03     if (a > b) {
04       return a;
05     } else {
06       return b;
07     }
08   }
09 
10   public static void main(String[] args) {
11     int ans;
12 
13     ans =  max(1, 2);
14     System.out.println(ans);
15 
16     System.out.println(max(-3, -4));
17   }
18 }
```

実行結果

```
C:¥SRC>java Max2
2
-3

C:¥SRC>
```

例題7-3(5)

Q1 例題7-3(2)のsquare()メソッドを、引数の二乗を返すメソッドに変更しなさい。ただし、戻り値の型はlong型にすること(long型にする理由もあわせて考えましょう)。

7-3-4 return文

リスト7-08で示したMax2.javaにあるmax()メソッドは、return文の働きに着目すればもっと簡潔に記述することができます。3行目から7行目の、

```
if (x > y) {
  return x;
} else {
  return y;
}
```

は、変数xが変数yよりも大きいときにreturn xを実行します。

つまりxを戻り値としてメソッドを終了させることになります。メソッドは終了されますから、当然その後に記述してあるelseなどにまで処理が続くことはありません。つまり、x > y の時だけreturn xになるように表記を次のように書き換えることができます。

```
if (x > y) {
  return x;    x > yの時だけxを返して、メソッドの動作を終了する
}
return y;    どんなときでもyを返すが、return x;が実行されるとここまで処理がたどり着かない
```

Max2.javaのmax()メソッドを書き直して動作を確認してみましょう（**リスト7-09**）。

▼ **リスト7-09**　Max3.java

```
01 class Max3 {
02   static int max(int x, int y) {
03     if (x > y) {
04       return x;
05     }
06     return y;
07   }
08 
09   public static void main(String[] args) {
10     int ans;
11 
12     ans =  max(1, 2);
13     System.out.println(ans);
14 
15     System.out.println(max(-3, -4));
16   }
17 }
```

実行結果

```
C:¥SRC>java Max3
2
-3

C:¥SRC>
```

例題7-3（6）

Q1　例題7-3（3）のcheck()メソッドをreturn文を使って、elseを使用しないものに書き換えなさい。

7-3-5 引数と異なる型の戻り値

Max3.javaでは、メソッドはint型の引数を受け取ってint型の戻り値を返していましたが、引数と戻り値の型は同一である必要はありません。

引数と戻り値の型が異なっているメソッドの例として、引数が偶数であればtrueを奇数であればfalseを返すboolean型のメソッドisEven()を作成してみましょう（**リスト7-10**）。

▼ リスト7-10　EvenTest.java

```
01 class EvenTest {
02   static boolean isEven(int n) {
03     if (n % 2 == 0) {
04       return true;
05     }
06     return false;
07   }
08 
09   public static void main(String[] args) {
10     int a = 3, b = 4;
11 
12     System.out.print(a + "は");
13     if (isEven(a)) {
14       System.out.println("偶数です。");
15     } else {
16       System.out.println("奇数です。");
17     }
18 
19     System.out.print(b + "は");
20     if (isEven(b)) {
21       System.out.println("偶数です。");
22     } else {
23       System.out.println("奇数です。");
24     }
25   }
26 }
```

実行結果

```
C:¥SRC>java EvenTest
3は奇数です。
4は偶数です。

C:¥SRC>
```

7-4 オーバーロード

メソッドを呼び出すためにはメソッド名を使いました。同じ働きをするメソッドでも、引数の数が違ったりすると、その引数の数にあったメソッドをそれぞれ作成しなければなりません。このときに、メソッド名をどのように付けたらよいでしょう。重複がないように名前を付けることももちろん可能ですが、引数の数の文だけ名前があるとすると、それを覚えるのだけで大変ですよね。ここでは、このような時に行うオーバーロードについて説明します。

7-4-1 同じ名前を持つメソッド

Max3.java（**リスト7-09**）のmax()メソッドは2つのint型変数のうちどちらか大きい方を返すものでした。これをdouble型変数に対して大きいものを返すように拡張することを考えてみましょう。

double型の引数に対応したメソッドを新たに作ることになるのですが、このときにメソッド名をどうするかよく考えてください。**7-2**で述べたように、メソッド名は変数名と同じルールでプログラマが自由につけることができます。int型の値を処理することと、double型値を処理することは、引数の型も返値の型も異なりますから、doubleMax()などとメソッド名を区別してつけることは決しておかしいことではありません。しかし、メソッドを利用する立場から見ると、数は異なっていても引数の中から最も大きい値を返す、という処理は変わりませんから、引数の数や型の種類によっていろいろな名前をつけメソッドを作成しそれを適宜選択していくのではなく、引数の数や型が異なっていても同じ名前であった方が使いやすいと考えられます。

このような、引数の数や型が違う同じ名前のメソッドを定義することをオーバーロードと呼びます。オーバーロードによって、プログラマは引数に対応したメソッドを探し出す必要がなくなり、メソッドが持つ「機能」自体に着目してプログラムを記述することができます。

では、オーバーロードを利用してMax3.javaにdouble型のmax()メソッドを追加してみましょう（**リスト7-11**）。

▼ **リスト7-11**　Max4.java

```
01 class Max4 {
02   static int max(int a, int b) {
03     System.out.println("int型のmax()メソッドです。");
04     if (a > b) {
05       return a;
06     }
07     return b;
08   }
09 
10   static double max(double a, double b) {
11     System.out.println("double型のmax()メソッドです。");
12     if (a > b) {
13       return a;
14     }
15     return b;
```

```
16    }
17
18    public static void main(String[] args) {
19
20      System.out.println(max(-3, -4));
21      System.out.println(max(1.23, 4.56));
22    }
23  }
```

実行結果

```
C:¥SRC>java Max4
int型のmax()メソッドです。
-3
double型のmax()メソッドです。
4.56

C:¥SRC>
```

7-4-2 オーバーロードの活用

さらに改良を加えオーバーロードを利用してint型の3つの引数から最大値を求めるmax()メソッドも作成してみましょう（**リスト7-12**）。

▼ **リスト7-12** Max5.java

```
01  class Max5 {
02    static int max(int a, int b) {
03      System.out.println("int型2つのmax()メソッドです。");
04      if (a > b) {
05        return a;
06      }
07      return b;
08    }
09
10    static double max(double a, double b) {
11      System.out.println("double型のmax()メソッドです。");
12      if (a > b) {
13        return a;
14      }
15      return b;
16    }
17
18    static int max(int a, int b, int c) {
19      System.out.println("int型3つのmax()メソッドです。");
20      if (a > b) {
21        if (a > c) {
22          return a;
23        } else {
24          return c;
25        }
26      } else {
27        if (b > c) {
```

```
28	        return b;
29	      } else {
30	        return c;
31	      }
32	    }
33	  }
34	
35	  public static void main(String[] args) {
36	
37	    System.out.println(max(-3, -4));
38	    System.out.println(max(1.23, 4.56));
39	    System.out.println(max(-3, 0, 3));
40	  }
41	}
```

実行結果

```
C:¥SRC>java Max5
int型２つのmax()メソッドです。
-3
double型のmax()メソッドです。
4.56
int型３つのmax()メソッドです。
3

C:¥SRC>
```

例題7-4（1）

Q1 例題7-3（5）のsquare()メソッドをオーバーロードして、実数の二乗を求めるメソッドを作成しなさい。

7-5 メソッド呼び出し

これまでに登場したメソッドはすべてmain()メソッドから呼び出されていました。メソッドの呼び出しは、main()メソッドからだけとは限りません。メソッドの呼び出しにつてもう少し深く見てみることにしましょう。

7-5-1 メソッドからのメソッド呼び出し

Max5.java（**リスト7-12**）では3つの引数から最大値を求めましたが、int型変数x、y、zの比較を行っているために処理が複雑になっています。引数が4つ、5つと増えていくとしたら、さらに処理が複雑になってしまいます。そこで、メソッドから別のメソッドを呼ぶことで処理を簡潔にしてみましょう。具体的には、3つの引数を取るmax()を次のように2つの引数を取る2つのmax()メソッドで構成します。同様に、メソッドと4つの引数を取るmax()メソッドを、2つの引数を取る3つのmax()メソッドで構成します。

●3つの引数の場合

```
max(a, b, c)  ➡  max(max(a, b), c)
```

最初にmax(a, b)が実行され、その結果（aとbで大きい方）とcの大きい方を返す

●4つの引数の場合

```
max(a, b, c, d)
➡  max(max(a, b), max(c, d)) または max(max(max(a, b), c),d)
```

max(a, b)の結果とmax(c, d)の結果のどちらか大きい方を返す

または

max(a, b)の結果とcのどちらか大きい方とdを比べて大きい方を返す

Max5.javaを上記のように書き換えてみましょう（**リスト7-13**）。

▼ リスト7-13　Max6.java

```
01 class Max6 {
02   static int max(int a, int b) {
03     if (a > b) {
04       return a;
05   }
06       return b;
07   }
08 
09   static int max(int a, int b, int c) {
10     return max(max(a, b), c);
11   }
12 
13   static int max(int a, int b, int c, int d) {
14     return max(max(a, b), max(c, d));
15   }
16 
```

```
17    public static void main(String[] args) {
18
19      System.out.println(max(-3, -4, -5));
20      System.out.println(max(1, 2, 3, 4));
21    }
22  }
```

実行結果

```
C:¥SRC>java Max6
-3
4

C:¥SRC>
```

例題7-5(1)

Q1 リスト7-13に示したMax6.javaの4つの引数をとるmax()メソッドは、max()メソッドを3つ使って定義されている。これを、max()メソッドを2つだけ使ったものに書き換えなさい。

例題7-5(2)

Q1 square()メソッドを利用して、整数の三乗を求めるcube()メソッドを作成しなさい。

7-5-2 再帰呼び出し

7-3-7のオーバーロードのように引数の数や型が異なる同名のメソッドを呼び出すのではなく、メソッドがそのメソッド自身を呼び出すように定義されたメソッドを**再帰**、その呼び出しのことを**再帰呼び出し**と言います。

再帰の例として階乗(n!)を計算するメソッドfractorial()を考えてみましょう。引数としてnが与えられたとき、n!つまりn×(n - 1)×(n - 2)×…×1を計算します。これをfor文で記述すると、**リスト7-14**のようになります。

▼ **リスト7-14** FractorialTest1.java

```
01  class FractorialTest1 {
02    static long fractorial(int n) {
03      long ans = 1;
04
05      for(int i=n; i > 0; i--) {
06        ans *= i;
07      }
08      return ans;
09    }
10
11    public static void main(String[] args) {
12      for (int i = 1; i < 10; i++) {
13        System.out.println(i + "の階乗は" + fractorial(i) + "です。");
14      }
15    }
16  }
```

実行結果

```
C:¥SRC>java FractorialTest1
1の階乗は1です。
2の階乗は2です。
3の階乗は6です。
4の階乗は24です。
5の階乗は120です。
6の階乗は720です。
7の階乗は5040です。
8の階乗は40320です。
9の階乗は362880です。

C:¥SRC>
```

一方、n!をn×(n -1)!と表すこともできます。同様に、(n - 1)!は(n - 1)×(n - 2)!となりますから、特定の値の階乗はそれよりも1小さい値の階乗との積で求めることができます。これは、最終的に1!(= 1)まで続きます。

例えば、4!を求めることは、4×3!を求めることになります。しかし、3!がいくつになるかはまだ計算していないので、まずは3!を計算します。3!は3×2!ですが、やはり2!もまだ計算していません。そこで、2!を求めると2×1!となります。1!は1ですから、2!＝2×1＝2が得られ2!の値がわかりました。これで3!＝3×2＝6を求めることができます。3!がわかればそれに4をかけると4!になりますから、4!＝4×3!＝4×6＝24となります。

文章で表現すると複雑になりますが、n!を求めるには、

- **nが1よりも大きいときn × (n -1)!を計算**
- **nが1のときは1**

となる訳です。

これをfractorial()メソッドとして記述すると次のようになります。6行目で

```
return  n * fractorial(n - 1);
```

と、nの値を1減らして再びfractorial()メソッドを呼び出しています。

引数の値を変えて自分自身を呼び出しています。これが再帰呼び出しで、この方法を使うと複雑なプログラムを非常にシンプルに記述することができるようになります(**リスト7-15**)。

▼ **リスト7-15** FractorialTest2.java

```
01 class FractorialTest2 {
02   static long fractorial(int n) {
03     if (n < 2) {
04       return 1;
05     }
06     return  n * fractorial(n - 1);
07   }
08 
09   public static void main(String[] args) {
10     for (int i = 1; i < 10; i++) {
11       System.out.println(i + "の階乗は" + fractorial(i) + "です。");
12     }
13   }
14 }
```

実行結果

```
C:¥SRC>java FractorialTest2
1の階乗は1です。
2の階乗は2です。
3の階乗は6です。
4の階乗は24です。
5の階乗は120です。
6の階乗は720です。
7の階乗は5040です。
8の階乗は40320です。
9の階乗は362880です。

C:¥SRC>
```

例題7-5 (3)

Q1 **2つの自然数a、b (a≧b) の最大公約数 (GCD) を求める方法の1つとして、ユークリッド互除法が用いられており、次のようにして求める。**

a > 0, b >= 0のときに、
　b = 0ならば最大公約数はa
　b > 0でbがaを割り切るならば最大公約数はb
　割り切れないのであればbとaをbで割った余り (a % b) の最大公約数を求める

この方法を用いて2つのint型整数の最大公約数を求めるgcd()メソッドを作成しなさい。

if や switch を使わないで条件判断?

Javaには日付を扱うCalendarというクラス[*1]が用意されています。このCalendarクラスのget()メソッドでCalendar.DAY_OF_WEEKを引数として使うと、曜日を取得することができます。

▼ リストA　Day.java

```
01 import java.util.Calendar;
02 
03 class Day {
04     public static void main(String[] args) {
05         Calendar today = Calendar.getInstance();
06         System.out.println(today.get(Calendar.DAY_OF_WEEK));
07     }
08 }
```

ただし、この曜日は日曜日が1、月曜日が2というように1から7までの数値で表されていますので、プログラムを実行しても、今日が何曜日なのかを直感的に理解することができません。

実行結果

```
C:¥SRC>java Day
4

C:¥SRC>
```

1の時には「日曜日」、2の時には「月曜日」というように値にあわせたメッセージを表示させるためにはどうしたらいいでしょうか?

多くの人が真っ先に思いつくのが、if文を使って6回判定を行うことでしょう。if elseの羅列になってしまうので5-2で述べたswitchを使うのも良い方法です。しかし、これらの条件判断を使わずにメッセージを表示させることもできます。次のプログラムを読んで、どうしてそれができるのか考えてみましょう。

▼ リストB　Day2.java

```
01 import java.util.Calendar;
02 
03 class Day2 {
04     public static void main(String[] args) {
05         String name[] = {"日曜日", "月曜日", "火曜日", "水曜日", "木曜日",
                            "金曜日", "土曜日"};
06         Calendar today = Calendar.getInstance();
07 
08         System.out.println(name[today.get(Calendar.DAY_OF_WEEK)-1]);
09     }
10 }
```

実行結果

```
C:¥SRC>java Day2
水曜日

C:¥SRC>
```


*1 クラスについては**第8章**で説明します。

第8章

クラス

本章ではオブジェクト指向プログラミングで基本となる「クラス」について学びます。

これまではあらかじめ用意されたクラスを使うだけでしたが、クラスを独自に作成することができるようになると、プログラムのプログラムの幅が大きく広がります。難しそうな用語もでてきますが心配はいりません。サンプルプログラムで動作確認をしながら、1つ1つ確実に理解しましょう。

8-1 オブジェクトとクラス

オブジェクト指向プログラミングはJavaの大きな特徴の1つです。このオブジェクト指向プログラミングを行うためには「オブジェクト」と「クラス」という2つの用語を理解しておかなければなりません。実際にオブジェクト指向プログラミングを始める前に、これらの用語について説明します。

8-1-1 オブジェクト

オブジェクト指向プログラミングにおけるオブジェクト(Object)とは、「属性」とそのデータを扱うための「機能」をひとまとまりにしたものです。属性はプログラム内では値(属性値)で表されていますので、それを格納し操作するために変数が必要となります。機能は**第7章**で学習したメソッドがそれにあたります。つまり、オブジェクトは変数やメソッドがひとまとまりになったものと考えてください。

これまでに登場してきた文字列(String)は、オブジェクトの一つです。"Hello."という文字列があったとすると、このオブジェクトのデータは"Hello."という6つの文字の並びであり、length()メソッドで文字列の長さを取得したり、toUpperCase()メソッドで大文字に変換したりする機能を有しているのです。

実際に、次のプログラムで"Hello."の機能を確認してみましょう。

▼ **リスト8-01** StringObjectTest.java

```
01 class StringObjectTest {
02     public static void main(String[] args) {
03         char c = "Hello.".charAt(1); // 1文字目はcharAt(0)です
04         System.out.println("Hello.の2文字目は" + c + "です。");
05 
06         String s2 = "Hello.".toLowerCase();
07         System.out.println("Hello.を小文字にすると" + s2 + "です。");
08 
09         String s3 = "Hello.".toUpperCase();
10         System.out.println("Hello.を大文字にすると" + s3 + "です。");
11     }
12 }
```

実行結果

```
C:¥SRC>java StringObjectTest
Hello.の1文字目はeです。
Hello.を小文字にするとhello.です。
Hello.を大文字にするとHELLO.です。

C:¥SRC>
```

8-1-2 クラス

リスト8-01の実行結果から文字列"Hello."が単なる文字の並びのデータだけではなく、機能を有していることがわかったと思います。このようにデータと機能が1つにまとまったものがオブジェクトなのです。では、オブジェクトが、データとしてどのようなもの(型や名前)を持ち、どのような機能を持つのか、ということはどこで決められているのでしょう。

これらの情報を記述したものがクラスです。クラスはオブジェクトを表す設計図で、オブジェクトが持つ属性や機能の定義がなされます。

例えば、人を表すHumanというオブジェクトを考えてみましょう。Humanオブジェクトは身長や体重、性別などのデータを持っていて、話すや食べる、寝るなどの機能を有しているとすると、Humanオブジェクトの設計図には、**図8-01**のように体重(kg)を保持するint型変数weightや身長(cm)を保持するint型変数heightなどの変数の宣言と、talk()やeat()などのメソッドの定義が記述されることになります。

▼ **図8-01** Humanの設計図

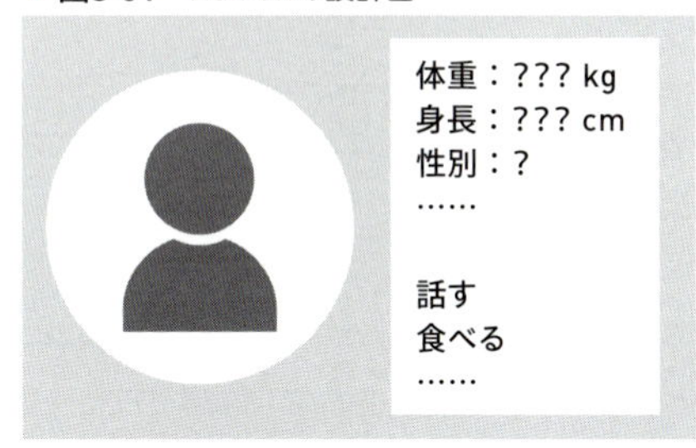

8-1-3 インスタンス

設計図を作成したら、その設計図を元に実体を作ってプログラム中で利用していきます。クラス(設計図)からコンピュータのメモリ上に作成された実体のことをインスタンスとよび、クラスからインスタンスを作成することをインスタンス化といいます。

同じクラスから作成しても、インスタンスは独立して存在します。つまり、同じデータや機能を持った複数のインスタンスがあった場合、属性(変数)は各オブジェクトが別々に持っていて＊1、独自に代入などの操作が可能です＊2。機能(メソッド)はオブジェクトが違っていても、使い方は同じです。ただし、機能の使用による影響は、その機能を使用したオブジェクトに限定されます。

図8-01の設計図を元に、Aさん、Bさんというインスタンスを作成することを考えましょう。Aさん、Bさんそれぞれの身長や体重の値はそれぞれ異なります。またAさんの話すという機能を実行すると、話すのはAさんであって、Bさんが話し出すということは起こりません。

＊1 このようなオブジェクト毎に用意されている変数をインスタンス変数と呼びます。

＊2 staticを付けて宣言することで、クラス変数と呼ばれる共通の変数を持たせることもできます。

▼ **図8-02** Humanのインスタンス化

Humanのインスタンス化(Aさん)

Humanのインスタンス化(Bさん)

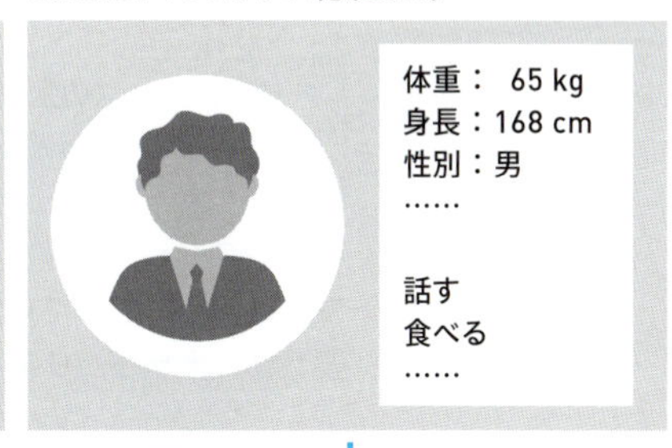

2人の機能は同じだが、
機能を実行するのは各インスタンス

8-2 クラスの作成

ここでは例を使ってクラスの作成を行います。クラスの設計から、オブジェクトの生成、メソッドの利用までを順を追ってクラスを作成していきましょう。

8-2-1 分数クラス

それでは、実際にクラス（設計図）を作成してみましょう。例として、分数を扱うクラスを作成します。クラスの作成の基本スタイルは次のとおりです。

▶ クラスの書式

```
class クラス名 {
    設計図の内容
}
```

分数は分子と分母の2つのデータで構成されていますので、この分子と分母をそれぞれクラスの要素（これを**メンバ**と呼びます）と考えます。分子と分母はそれぞれ整数値ですから、int型の変数として記述することにします。クラス名はFractionとし、分子と分母の変数名をそれぞれnumeratorとdenominatorと名づけると、分数クラスFractionは**リスト8-02**のように記述することができます*1。

*1 **8-2-3**で述べるメソッドなども含め、クラスの構成要素をメンバーと呼びます。

▼ **リスト8-02** Fraction.java

```
01 class Fraction {
02     int numerator;     ------ 分子の値を格納
03     int denominator;   ------ 分母の値を格納
04 }
```

なお、Fraction.javaは設計図ですからmain( )メソッドがありません。そのため、コンパイルすることはできますが、javaインタプリタで設計図のみを実行させることはできません。

8-2-2 インスタンス

分数の設計図Fraction.javaができたので、それを使って分数のインスタンス（実体）を作成しましょう。インスタンスを生成するためには、**3-4-3**でも使用したnew演算子を使用します。

▶ インスタンスの生成

```
オブジェクト変数名 = new コンストラクタ名( );
```

コンストラクタは次節で説明しますので、今は「コンストラクタ名はクラス名と同じ」とだけ理解しておいてください。オブジェクト変数名そのものはあらかじめ宣言しておく必要がありますが、**リスト8-03**のようにインスタンスの生成と同時に行うこともできます。

▼ **リスト8-03** FractionTest1.java

```
01 class FractionTest1 {
02     public static void main(String[] args) {
03         Fraction f = new Fraction();
04 
05         f.numerator = 1;
06         f.denominator = 2;
07 
08         System.out.println("f=" + f.numerator + "/" + f.denominator);
09     }
10 }
```

つまり、このプログラムはFractionクラスの動作確認をするためのプログラムです。FractionTest1.javaはFractionクラスを使用しているので、このプログラムをコンパイルしたり実行させるためには、Fraction.classがあらかじめ用意されていなければなりません。Fraction.javaもFractionTest1.javaも同じJavaのプログラムですが、設計図とその設計図を利用したプログラムという違いに十分気をつけてください。

なお、Fraction.javaをコンパイルせずにFractionTest1.javaをコンパイルすると、自動的にFraction.javaもコンパイルされてFraction.classが生成されます。

さて、FractionTest1.javaの3行目にある、

```
Fraction f = new Fraction();
```

によって、変数fでFractionクラスのインスタンスを扱うことができるようになりました。

fのメンバである分子(numerator)と分母(denominator)は、それぞれf.numeratorとf.denominatorで表現されます。

```
f.numerator = 1;
f.denominator = 2;
```

上記記述例は分子に1,分母に2を代入しているので、fは1/2を表しているといえます。

それでは、同じ設計図Fractionを使って2つの分数を作ってみましょう。FractionTest1.javaを**リスト8-04**のように修正します。

▼ **リスト8-04** FractionTest2.java

```
01 class FractionTest2{
02     public static void main(String[] args) {
03         Fraction f1 = new Fraction();
04         Fraction f2 = new Fraction();
05 
06         f1.numerator = 1;
07         f1.denominator = 2;
08         f2.numerator = 3;
09         f2.denominator = 4;
10 
11         System.out.println("f1=" + f1.numerator + "/" + f1.denominator);
12         System.out.println("f2=" + f2.numerator + "/" + f2.denominator);
13     }
14 }
```

実行結果

```
C:¥SRC>java FractionTest2
f1=1/2
f2=3/4

C:¥SRC>
```

この実行結果から、Fractionクラスのメンバであるnumerator、denominatorは、インスタンスごと（f1、f2ごと）に独立していることが確認できます。

8-2-3 設計図の改良

FractionTest2.javaで2つの分数を扱ったので、この2つの分数で計算をしてみましょう。分数の足し算を行うために**リスト8-05**のようにプログラムを修正したとします。

▼ リスト8-05　FractionTest3.java（エラーが発生します）

```
01 class FractionTest3{
02     public static void main(String[] args) {
03         Fraction f1 = new Fraction();
04         Fraction f2 = new Fraction();
05 
06         f1.numerator = 1;
07         f1.denominator = 2;
08         f2.numerator = 3;
09         f2.denominator = 4;
10 
11         System.out.println("f1=" + f1.numerator + "/" + f1.denominator);
12         System.out.println("f2=" + f2.numerator + "/" + f2.denominator);
13 
14         f1 = f1 + f2;
15         System.out.println("f1=" + f1.numerator + "/" + f1.denominator);
16     }
17 }
```

実行結果

```
C:¥SRC>javac FractionTest3.java
FractionTest3.java:14: 演算子 + は Fraction,Fraction に適用できません。
        f1 = f1 + f2;
                ^
エラー 1 個

C:¥SRC>
```

実行結果に示したように、分数の足し算でエラーが発生してしまいました。これは、Javaが分数（Fractionクラス）の足し算がどのようなものであるかJavaが知らないことが原因です*1。そこで、足し算をFractionクラスの機能の1つとして設計図に書き加えましょう。

足し算をするためのメソッドをadd()と名付けるとすると、Fractionクラスは**リスト8-06**のようになります。

*1　Javaでは演算子の意味をプログラマが定義することができません。

▼ **リスト8-06** Fraction.java

```
01 class Fraction {
02     int numerator;------分子
03     int denominator;----分母
04 
05     void add(Fraction f) {
06         numerator = numerator * f.denominator + denominator * f.numerator;
07         denominator = denominator * f.denominator;
08     }
09 }
```

add()メソッドでは、Fraction型の引数を受け取り、その引数の分子(f.numerator)、分母(f.denominator)と、インスタンス自身の分子(numerator)、分母(denominator)で足し算をし、その結果を再び分子(numerator)、分母(denominator)に代入しています。

これでFractionクラスのインスタンスはadd()メソッドが使えるようになりました。FractionTest3.javaをadd()メソッド使ったものに書き換えて、実行してみましょう(**リスト8-07**)。

▼ **リスト8-07** FractionTest3.java

```
01 class FractionTest3{
02     public static void main(String[] args) {
03         Fraction f1 = new Fraction();
04         Fraction f2 = new Fraction();
05 
06         f1.numerator = 1;
07         f1.denominator = 2;
08         f2.numerator = 3;
09         f2.denominator = 4;
10 
11         System.out.println("f1=" + f1.numerator + "/" + f1.denominator);
12         System.out.println("f2=" + f2.numerator + "/" + f2.denominator);
13 
14         f1.add(f2);
15         System.out.println("f1=" + f1.numerator + "/" + f1.denominator);
16     }
17 }
```

実行結果

```
C:¥SRC>java FractionTest3
f1=1/2
f2=3/4
f1=10/8

C:¥SRC>
```

このように、設計図であるFraction.javaを修正することで分数同士の足し算ができるようになりました。続いて、分数と整数(int型)の足し算ができるように修正をしてみましょう(**リスト8-08、09**)。計算の対象は分数と整数で異なっていますが、どちらも同じ足し算ですから**第7章**で学習したオーバーロードを使って整数同士の足し算もadd()メソッドで実現しましょう。

▼ リスト8-08　Fraction.java

```
01 class Fraction {
02     int numerator;      分子
03     int denominator;    分母
04 
05     void add(Fraction f) {
06         numerator = numerator * f.denominator + denominator * f.numerator;
07         denominator = denominator * f.denominator;
08     }
09 
10     void add(int n) {
11         numerator = numerator  + denominator * n;
12     }
13 
14 }
```

▼ リスト8-09　FractionTest4.java

```
01 class FractionTest4 {
02     public static void main(String[] args) {
03         Fraction f = new Fraction();
04 
05         f.numerator = 1;
06         f.denominator = 2;
07 
08         System.out.println("f=" + f.numerator + "/" + f.denominator);
09 
10         f.add(3);
11         System.out.println("f=" + f.numerator + "/" + f.denominator);
12     }
13 }
```

実行結果

```
C:¥SRC>java FractionTest4
f=1/2
f=7/2

C:¥SRC>
```

例題8-2(1)

Q1　分数同士の引き算ができるようにFraction.java改良しなさい。また、その動作確認をするためのプログラムを作成しなさい。

例題8-2(2)

Q1　整数との引き算もできるようにFraction.java改良しなさい。また、その動作確認をするためのプログラムを作成しなさい。

8-2-4 this参照

分子と分母をそれぞれ指定して足し算を行えるように、さらに分数クラスを改良してみましょう。add()メソッドの引数の1つ目(第一引数)を分子、2つ目(第二引数)を分母として指定するように、次のようにオーバーロードを行ってみます。

```
void add(int numerator, int denominator) {
    numerator = numerator * denominator + denominator * numerator;
    denominator = denominator * denominator;
}
```

add()メソッドの引数がFractionクラスのメンバと同じ名前のnumerator、denominatorと名付けられています。

そのため、変数numeratorがクラスのメンバ(インスタンス変数)なのか、引数なのか判別ができません*2。このような場合、引数として処理されます。つまりこのadd()メソッドは、引数だけで計算することになって、元々の分数は計算の対象にはならないのです。

オブジェクト自身を参照して、その分子と分母を取得するためには、thisを使用し、次のように記述します。

*2 例えば、add(int n, int d)のように、引数の名前を別のものにして回避する方法もあります。しかし、同じ分子でも名前が違うことになり、プログラムの読みやすさの点からは良い方法とは言えません。

```
void add(int numerator, int denominator) {
    this.numerator = this.numerator * denominator + this.denominator *
                     numerator;
    this.denominator = this.denominator * denominator;
}
```

次のプログラムでthisの働きを確認してみましょう。

▼ **リスト8-10** Fraction.java (リスト8-08のadd()メソッドをさらにオーバーロード)

```
01 class Fraction {
02   int numerator;
03   int denominator;
04 
05   void add(Fraction f) {
06     numerator = numerator * f.denominator + denominator * f.numerator;
07     denominator = denominator * f.denominator;
08   }
09 
10   void add(int n) {
11     numerator = numerator  + denominator * n;
12   }
13 
14   void add(int numerator, int denominator) {
15     numerator = numerator * denominator + denominator * numerator;
16     denominator = denominator * denominator;
17   }
18 }
```

▼ リスト8-11　FractionTest5.java

```
01 class FractionTest5 {
02     public static void main(String[] args) {
03         Fraction f = new Fraction();
04 
05         f.numerator = 1;
06         f.denominator = 2;
07 
08         System.out.println("f=" + f.numerator + "/" + f.denominator);
09 
10         f.add(3, 1);
11         System.out.println("f=" + f.numerator + "/" + f.denominator);
12     }
13 }
```

例題8-2(3)

Q1. 分数同士の引き算ができるように Fraction.javaを改良しなさい。また、その動作確認をするためのプログラムを作成しなさい。

例題8-2(4)

Q1 整数との引き算もできるように Fraction.javaを改良しなさい。また、その動作確認をするためのプログラムを作成しなさい。

8-2-5 コンストラクタ

これまでに作成したFractionクラスのオブジェクトは、new演算子を使ってインスタンスを作成した後に分子と分母それぞれに値を代入していました。このように値を設定することを初期化といいます。

Javaでは明確な初期化が行われない場合、インスタンス変数は0に設定されています。数値でない場合、例えばboolean型の場合はfalse、Stringオブジェクトでは**null**(空を表す言葉)に設定されます＊3。

＊3 このような初期化が自動的に行われていた(これを「暗黙の初期化」と呼ぶこともある)わけですが、初期化を明記しないことはプログラムを読む上で好ましいことではありません。初期化の必要がある場合は、暗黙の初期化に頼らず、初期化を明記する癖をつけるようにしましょう。

これまで作成してきたFractionクラスでも暗黙の初期化は行われてます。しかし、それでは分子、分母共に0になるので、0/0(不定)になってしまいます。コンピュータが扱う数値には範囲がありますから、このような初期化がなされていてはコンピュータは計算することができません。そのため、Fractionクラスでは分母に暗黙の初期化を使うことはできないのです。

しかし、初期化を忘れてしまい、分母が0のままでadd()メソッドなどで計算を行うようなことも考えられます。そこで、設計図であるFraction.javaに初期化についての記述も行いましょう。初期化は「コンストラクタ(メソッド)」と呼ばれる特殊なメソッドを使用します。コンストラクタはnew演算子によってそのクラスのインスタンスが作成される時に一緒に実行されます。

コンストラクタは一般のメソッドは違い、次のルールがあります。

- **メソッド名はクラス名と同じ名前でなければならない**
- **返り値を持たない**
- **new演算子によるインスタンス作成時以外は使用できない**
- **インスタンスを生成するよりも前に記述する**

それでは、引数が無い場合、分子を0に、分母を1に初期化をし、0/1＝0という初期値を持たせるのコンストラクタを作成してみましょう（**リスト8-12、13**）。

▼ **リスト8-12** Fraction.java

```
01 class Fraction {
02     int numerator;   分子
03     int denominator; 分母
04
05     Fraction() {
06         numerator = 0;
07         denominator = 1;
08     }
09
10     void add(Fraction f) {
11         numerator = numerator * f.denominator + denominator * f.numerator;
12         denominator = denominator * f.denominator;
13     }
14
15     void add(int n) {
16         numerator = numerator  + denominator * n;
17     }
18 }
```

▼ **リスト8-13** FractionTest5.java

```
01 class FractionTest5{
02     public static void main(String[] args) {
03         Fraction f = new Fraction();
04
05         System.out.println("f=" + f.numerator + "/" + f.denominator);
06
07         f.add(2);
08         System.out.println("f=" + f.numerator + "/" + f.denominator);
09     }
10 }
```

実行結果

```
C:¥SRC>java FractionTest5
f=0/1
f=2/1

C:¥SRC>
```

メソッドと同様に、複数のコンストラクタを用意することもできます。分子と分母の2つの整数値（int型）を引数として与え、それぞれを初期化するようにコンストラクタを追加してみましょう（**リスト8-14、15**）。

▼ リスト8-14 Fraction.java

```
01 class Fraction {
02     int numerator;   ------- 分子
03     int denominator; ------- 分母
04 
05     Fraction() {
06         numerator = 0;
07         denominator = 1;
08     }
09 
10     Fraction(int n, int d) {
11         numerator = n;
12         denominator = d;
13     }
14 
15     void add(Fraction f) {
16         numerator = numerator * f.denominator + denominator * f.numerator;
17         denominator = denominator * f.denominator;
18     }
19 
20     void add(int n) {
21         numerator = numerator  + denominator * n;
22     }
23 
24 }
```

▼ リスト8-15 FractionTest6.java

```
01 class FractionTest6{
02     public static void main(String[] args) {
03         Fraction f1 = new Fraction();
04         Fraction f2 = new Fraction(1, 2);
05 
06         System.out.println("f1=" + f1.numerator + "/" + f1.denominator);
07         System.out.println("f2=" + f2.numerator + "/" + f2.denominator);
08     }
09 }
```

実行結果

```
C:¥SRC>java FractionTest6
f1=0/1
f2=1/2

C:¥SRC>
```

例題8-2(5)

Q1 Fraction.javaにint型の値1つを引数とするコンストラクタを追加しなさい。ただし分母に1を代入し、引数を分子に代入することとする。

8-2-6 toString()

FractionTest1.javaなどこれまでの動作確認用のプログラムでは、分数を出力するために

```
System.out.println("f=" + f.numerator + "/" + f.denominator);
```

のように、分子と分母を/で区切って出力をさせてきましたが、System.out.println("f=" + f);のようにして分数の出力ができたら便利です。

しかし、Fractionクラスは本書で作成したものですから、System.out.println()メソッドはFractionクラスのインスタンスをどのようにして出力したらよいのかわかりません。

このような場合、String型の戻り値を持つtoString()メソッドを用意することで、クラスの値を文字列（Stringクラスのインスタンス）として取り出します。System.out.println()メソッドはString型であればどのように出力すればよいかがわかりますから、System.out.println("f=" + f);でも出力することができるようになります（**リスト8-14、15**）。

▼ **リスト8-16** Fraction.java

```
01 class Fraction {
02     int numerator;          分子
03     int denominator;        分母
04 
05     Fraction() {
06         numerator = 0;
07         denominator = 1;
08     }
09 
10     Fraction(int n, int d) {
11         numerator = n;
12         denominator = d;
13     }
14 
15     void add(Fraction f) {
16         numerator = numerator * f.denominator + denominator * f.numerator;
17         denominator = denominator * f.denominator;
18     }
19 
20     void add(int n) {
21         numerator = numerator  + denominator * n;
22     }
23 
24     public String toString() {
25         return  numerator + "/" + denominator;
26     }
27 }
```

第8章 クラス

▼ リスト8-17　FractionTest7.java

```
01 class FractionTest7{
02     public static void main(String[] args) {
03         Fraction f1 = new Fraction();
04         Fraction f2 = new Fraction(1, 2);
05 
06         System.out.println("f1=" +f1);
07         System.out.println("f2=" + f2);
08     }
09 }
```

実行結果

```
C:¥SRC>java FractionTest7
f1=0/1
f2=1/2

C:¥SRC>
```

例題8-2(6)

Q1　分母が1の時には分子だけを出力するように、toString()メソッドを修正しなさい。

8-3 クラスの継承

新しいクラスを作成するときに、すでにあるクラスを流用できたら効率よくクラスを作成することができます。既存のクラスを利用して新しいクラスを作る継承について学びます。

8-3-1 クラスの継承とは

ある製品を改良し新製品を作るとき、全く無の状態から新たに設計図を作るのも1つの方法ですが、前の設計図を元に改良を加えて新製品の設計図を作成すると変更点や追加点の設計だけを行えばよいので、設計図の作成を効率よく行うことができます。

クラスの作成でも同じことが言えます。あるクラスの機能を拡張したり、別の機能を追加したりするときに、拡張や追加する部分だけを記述することで、新しいクラスを作成することができます。これを「継承」とよび、継承するための元となるクラスを「スーパークラス」または「親クラス」や「基本クラス」と呼びます。一方、継承することで新しく作成されたクラスは「サブクラス」または「子クラス」や「派生クラス」と呼びます。

1つのクラスを継承した、複数のクラスを作ることができます。つまり、1つの親（クラス）からいくつもの子（クラス）を作成することができます。さらに、この子クラスを継承し、別の新しいクラス（孫クラス）を作成することもできます。必要があればこの継承は何度も行うことができます。

一方、子（クラス）は複数の親（クラス）を持つことはできません。Javaでは2つ以上の設計図を混ぜて新しい設計図を作成することはできないのです。このことを単一継承と言います＊1。

＊1 他のオブジェクト指向の言語では、複数の親クラスを持つことを許しているものもあり、それを多重継承と呼びます。

8-3-2 継承

クラスの継承にはextendsというキーワードを使用します。クラス継承のための書式は次のとおりです。

▶ クラスの継承の基本スタイル

```
class クラス名 extends スーパークラス名 {
    インスタンス変数やメソッドなど
}
```

それでは、これまでにadd()メソッドの追加やコンストラクタの追加などを行ってきたFractionクラスを、継承を使って作り直してみましょう。まず、元のクラスとして**8-2-1**のFraction.javaにコンストラクタとtoString()メソッドを追加したものを使用することとします（**リスト8-18**）。

▼ **リスト8-18** Fraction.java

```
01 class Fraction {
02     int numerator;      ------ 分子
03     int denominator;    ------ 分母
04
05     Fraction() {
```

```
06          numerator = 0;
07          denominator = 1;
08      }
09
10      Fraction(int n, int d) {
11          numerator = n;
12          denominator = d;
13      }
14
15      public String toString() {
16          return  numerator + "/" + denominator;
17      }
18  }
```

このFractionクラスを継承して、add()メソッドを持つFracton2クラス(Fraction2.java)を作成してみましょう。継承する側はFraction2ですからクラス名はFraction2となり、継承される側(スーパークラス)はFractionですからクラスの継承は**リスト8-19**のようになります。

▼ **リスト8-19**　Fraction2.java

```
01  class Fraction2 extends Fraction {
02  }
```

add()メソッドの追加はまだ行っていませんし、{}の中には何も書かれていませんが、これでFractionクラスの性質を受け継いだFraction2クラスができあがりました。試しに、**リスト8-20**のプログラムでその動作を確認してみましょう*2。

*2 なお、プログラム入力時には3行目がFractionではなくFraction2になっていることに注意してください(コンストラクタも同様)

▼ **リスト8-20**　FractoinTest8.java

```
01  class FractionTest8 {
02      public static void main(String[] args) {
03          Fraction2 f = new Fraction2();  --------- Fraction2のインスタンスを生成
04
05          f.numerator = 1;
06          f.denominator = 2;
07
08          System.out.println("f=" + f);
09      }
10  }
```

実行結果

```
C:¥SRC>java FractionTest8
f=1/2

C:¥SRC>
```

動作が確認できたら、Fraction2クラスにFractionクラスに加えるもの(この場合add()メソッド)を書いていきましょう(**リスト8-21**、**リスト8-22**)。

▼ **リスト8-21**　Fraction2.java

```
01  class Fraction2 extends Fraction {
02      void add(Fraction f) {
```

```
03          numerator = numerator * f.denominator + denominator * f.numerator;
04          denominator = denominator * f.denominator;
05      }
06
07      void add(int n) {
08          numerator = numerator  + denominator * n;
09      }
10  }
```

▼ リスト8-22　FractionTest9.java

```
01  class FractionTest9{
02      public static void main(String[] args) {
03          Fraction2 f1 = new Fraction2();
04          Fraction2 f2 = new Fraction2();
05          f1.numerator = 1;
06          f1.denominator = 2;
07
08          f2.numerator = 3;
09          f2.denominator = 4;
10
11          System.out.println("f1=" + f1);
12          System.out.println("f2=" + f2);
13
14          f1.add(f2);
15
16          System.out.println("f1=" + f1);
17      }
18  }
```

実行結果

```
C:¥SRC>java FractionTest9
f1=1/2
f2=3/4
f1=10/8

C:¥SRC>
```

例題8-3 (1)

Q1　Fraction2クラスを継承し、例題7-5 (3) で作成した最大公約数を求めるメソッドgcd()を持つクラスFraction3を作成しなさい。

8-3-3　継承とコンストラクタ

継承を行ってもコンストラクタだけは継承されません。これは、初期化を行う対象がサブクラスで追加や削除されていたり、型が変更されていたりするかもしれないからです。たとえスーパークラスにコンストラクタと同じコンストラクタであったとしても、サブクラスにそれを記述しなければなりません。

そのため、**リスト8-23**のプログラムではコンストラクタの呼び出し箇所でエラーが発生してしまいます。

▼ **リスト8-23**　FractionTest10.java（エラーが発生します）

```
01 class FractionTest10 {
02     public static void main(String[] args) {
03         Fraction2 f1 = new Fraction2(1, 2);
04         Fraction2 f2 = new Fraction2(3, 4);
05 
06         System.out.println("f1=" + f1);
07         System.out.println("f2=" + f2);
08 
09         f1.add(f2);
10 
11         System.out.println("f1=" + f1);
12     }
13 }
```

実行結果

```
C:¥SRC>javac FractionTest10.java
FractionTest10.java:3: シンボルを見つけられません。
シンボル: クラス Fraction2
場所    : FractionTest10 の クラス
        Fraction2 f1 = new Fraction2(1, 2);
        ^
FractionTest10.java:3: シンボルを見つけられません。
シンボル: クラス Fraction2
場所    : FractionTest10 の クラス
        Fraction2 f1 = new Fraction2(1, 2);
                           ^
FractionTest10.java:4: シンボルを見つけられません。
シンボル: クラス Fraction2
場所    : FractionTest10 の クラス
        Fraction2 f2 = new Fraction2(3, 4);
        ^
FractionTest10.java:4: シンボルを見つけられません。
シンボル: クラス Fraction2
場所    : FractionTest10 の クラス
        Fraction2 f2 = new Fraction2(3, 4);
                           ^
エラー 4 個

C:¥SRC>
```

そこで、**リスト8-24**のようにFraction2クラスでコンストラクタを追加してみましょう。

▼ **リスト8-24**　Fraction2.java

```
01 class Fraction2 extends FractionOrigin {
02     Fraction2() {
03         numerator = 0;
04         denominator = 1;
05     }
06 
07     Fraction2(int numerato, int denominator) {
08         this.numerator = numerato;
09         this.denominator = denominator;
10     }
11 
12     void add(Fraction2 f) {
13         numerator = numerator * f.denominator + denominator * f.numerator;
14         denominator = denominator * f.denominator;
15      }
16 
```

```
17      void add(int n) {
18          numerator = numerator  + denominator * n;
19      }
20  }
```

先ほどエラーが発生してしまったFractionTest10.javaを再びコンパイルしてみましょう。正常にコンパイルが完了し、実行することができます。

実行結果

```
C:¥SRC>java FractionTest10
f1=1/2
f2=3/4
f1=10/8

C:¥SRC>
```

8-3-4 super( )

継承したときに新たにコンストラクタを作成することで再びコンストラクタが使えるようにはなりましたが、同じ内容のコンストラクタをサブクラスにも記述しなければならないのでしたら、せっかくの継承の利点が半減してしまいます。スーパークラスのコンストラクタを使用して継承した部分の初期化を済ませておいて、サブクラスの中で追加した部分の初期化を行うなど、コンストラクタでも共通の部分は継承し、違う部分だけをサブクラスのコンストラクタで記述できたら便利です。

Javaでは**super**というキーワードを使ってそれを実現することができます。superはそのクラスのスーパークラスのコンストラクタを呼び出します。スーパークラスの名前が何であっても、必ずこのsuperを使って呼び出します。実際のスーパークラスの名前を入れてもコンストラクタとしては動作しませんので注意してください。また、引数がある場合でもsuper()の括弧内に引数を書くことで、それに対応したスーパークラスのコンストラクタを呼び出すことができます。

Fractoin2クラスのコンストラクタをsuper()を使ったものに書き換えてみましょう（**リスト8-25**）。

▼ **リスト8-25**　Fraction2.java

```
01  class Fraction2 extends FractionOrigin {
02      Fraction2() {
03          super();
04      }
05
06      Fraction2(int numerator, int denominator) {
07          super(numerator, denominator);
08      }
09
10      void add(Fraction2 f) {
11          numerator = numerator * f.denominator + denominator * f.numerator;
12          denominator = denominator * f.denominator;
13      }
14
15      void add(int n) {
```

```
16            numerator = numerator  + denominator * n;
17        }
18 }
```

新しいFraction2クラスを使ってコンパイルしたFractionTest10.javaの実行結果は次のようになります。

実行結果

```
C:¥SRC>java FractionTest10
f1=1/2
f2=3/4
f1=10/8

C:¥SRC>
```

なお、コンストラクタは最初にスーパークラスのコンストラクタを実行し、その後でサブクラス特有の処理を行うために、このsuper()はサブクラスのコンストラクタの一番初めに記述しなければなりません。また、super()によるスーパークラスのコンストラクタの呼び出しを明記しない場合でも、クラスに引数なしのコンストラクタが無いとコンパイラが自動的にスーパークラスのコンストラクタを参照してコンストラクタを作成させます。

例題8-3(2)

Q1　Fraction2クラスのコンストラクタをsuper()を使って書き直しなさい。

8-3-5 再定義(オーバーライド)

継承によってスーパークラスのすべての性質を受け継ぐことになるので、場合によっては不要なメソッドを継承してしまうことも生じます。そのようなときは、継承した側でメソッドを再定義してしまいましょう。この再定義のことを「オーバーライド」といいます。名称が同じな前で引数が違うメソッドを作る「**オーバーロード**」と似ていますので混同しないよう、気をつけてください。オーバーライドはすでに定義されていたメソッドをサブクラスで記述したものに置き換えてしまうため、以前のメソッドは使えなくなります。

オーバーライドの仕方は通常のメソッドの定義と何ら変わりません。ただし、スーパークラスのメソッドを誤ってオーバーライドしたつもりが、別のメソッドを定義してしまったなどということが起こらないように、メソッドがオーバーライドするものであることを@Overrideと表記することで明示します。これをオーバーライドアノテーションといい、オーバーライドがなされていない場合(つまり、スーパークラスに同じメソッドが存在していなかった場合)、コンパイラがエラーを発生させタイプミスや引数の方、数の違いによるオーバーライドの失敗を防ぐことができます。

では、Fractionクラスにあるto String()メソッドをFraction2クラスでオーバーライドしてみましょう(**リスト8-26**)。

▼ **リスト8-26**　Fraction2.java

```
01 class Fraction2 extends FractionOrigin {
02
```

```
03      Fraction2() {
04          super();
05      }
06
07      Fraction2(int n, int d) {
08          super(n, d);
09      }
10
11      void add(Fraction f) {
12          numerator = numerator * f.denominator + denominator * f.numerator;
13          denominator = denominator * f.denominator;
14      }
15
16      void add(int n) {
17          numerator = numerator  + denominator * n;
18      }
19
20      @Override
21      public String toString() {
22          if (denominator == 1) {
23              return numerator + "";
24          }
25           return numerator + "/" + denominator;
26      }
27  }
```


オーバーライドしたtoString()メソッドでは、分母が1の時は分子だけを文字列にするようにしています。オーバーライドの効果が出たか、**リスト8-27**のプログラムで動作を確認してみましょう。

▼ **リスト8-27**　FractionTest11.java

```
01  class FractionTest11{
02      public static void main(String[] args) {
03          Fraction2 f1 = new Fraction2(1, 2);
04          Fraction2 f2 = new Fraction2(3, 1);
05
06          System.out.println("f1=" + f1);
07          System.out.println("f2=" + f2);
08
09      }
10  }
```

実行結果

```
C:¥SRC>java FractionTest11
f1=1/2
f2=3

C:¥SRC>
```

例題8-3(3)

Q1　**Fraction2クラスの足し算を行うメソッドadd()をgcd()メソッドを使って改良し、約分ができるようにしなさい。**

8-4 ラッパークラス

基本データ型とクラスは本質的に異なっていることが、これまでのクラスの学習で理解できていると思います。基本データ型で扱うデータをオブジェクトとして使うためのラッパークラスについて説明を行います。

8-4-1 ラッパークラスとは

第3章で学習したintやdoubleなどの型は基本データ型と呼ばれる型でした。ラッパークラスはこの基本データ型の値をオブジェクトとして扱うためのクラスです。これによって、他のオブジェクトと同様に基本データ型の値を扱うことができるようになります。

ラッパークラスは基本データ型に対応するクラスが1つずつ用意されています。**表8-01**に基本データ型とそれに対応するラッパークラスを示します。

▼ **表8-01**　基本データ型と対応するラッパークラス

基本データ型	ラッパークラス
byte	Byte
short	Short
int	Integer
long	Long
float	Float
double	Double
char	Character
boolean	Boolean

intとcharがそれぞれInteger、Characterになりますが、他のデータ型は頭文字を大文字にしたものになっています。

8-4-2 ラッパークラスの作成方法

ラッパークラスのインスタンス作成は次のように行います。

▶ ラッパークラスのインスタンス作成の基本スタイル

```
基本データ型　変数名　= 値;
ラッパークラス　オブジェクト変数名 = new ラッパークラスのコンストラクタ(変数名);
```

このように、ラッパークラスは基本データ型の値をクラスとして覆う（ラップする）ことになります。ラッパークラスの各インスタンスが持つ値はStringクラスのようにequals()メソッドで比較することができます。基本データ型で用いた比較演算子==は、インスタンスの比較になってしまい、ラップしている値の比較がなされるわけではありませんので気をつけてください。

一方、ラップした値そのものを取り出す必要がある場合も考えられます。数値を扱うクラスの場合、XXXValue()メソッド（XXXは基本データ型が入ります）でその値を取得することができます。ラップした値をどういう基本データ型で取り出すかによって、**表8-02**に示すメソッドの中から選択します。

▼ **表8-02** ラップされた値の取得

メソッド名	取得する基本データ型
byteValue()	byte
shortValue()	short
intValue()	int
longValue()	long
floatValue()	float
doubleValue()	double

また、toString()メソッドを使うと、ラップされた値をStringクラスのインスタンスとして取り出すことができます。

それでは、これまでの内容をサンプルプログラムによって確認してみましょう(**リスト8-28**)。

▼ **リスト8-28** WrapperClassTest.java

```
01 class WrapperClassTest{
02   public static void main(String[] args) {
03     byte b = 1;
04     short s = 234;
05     int i = 56789;
06     long l = 1234567890L;
07     float f = 1.23F;
08     double d = 0.000456;
09     char c = 'A';
10     boolean bool = true;
11 
12     Byte wrappedByte = new Byte(b);
13     Short wrappedShort = new Short(s);
14     Integer wrappedInt = new Integer(i);
15     Long wrappedLong = new Long(l);
16     Float wrappedFloat = new Float(f);
17     Double wrappedDouble = new Double(d);
18     Character wrappedChar = new Character(c);
19     Boolean wrappedBoolean = new Boolean(bool);
20 
21     System.out.println(wrappedByte.byteValue());
22     System.out.println(wrappedShort.shortValue());
23     System.out.println(wrappedInt.intValue());
24     System.out.println(wrappedLong.longValue());
25     System.out.println(wrappedFloat.floatValue());
26     System.out.println(wrappedDouble.doubleValue());
27     System.out.println(wrappedChar.toString());
28     System.out.println(wrappedBoolean.toString());
29 
30     System.out.println(wrappedInt.equals(wrappedByte));
31 
32   }
33 }
```

実行結果

```
C:¥SRC>java WrapperClassTest
1
234
56789
1234567890
1.23
4.56E-4
A
true
false

C:¥SRC>
```

ラッパークラスでラップする値はインスタンス作成後に変更することはできません。そのため、値を変更する必要がでた場合は、別のインスタンスを作成する必要があります。

8-5 パッケージ

たくさんのクラスを作成していくと、それらをきちんと整理しておかないと、やがては管理ができなくなってしまいます。また、他の人が作ったクラスを利用する場合は、自分が作ったクラスと区別しておく必要があるでしょう。本節ではそれらを行うためのパッケージについて説明します。

8-5-1 パッケージとクラス

Javaではクラスを集めてパッケージと呼ばれるクラスの集まりを作ることができます。クラスを部品と考えると、関連の強い部品を1つに集めたものがパッケージということができます。

例えば、科学計算などを行うプログラムを作成する場合、複雑な計算式をプログラム中に1から記述する必要はなく、科学計算パッケージを入手しそれを利用することで簡単に科学計算を行うことができます。もちろん、これは既に科学計算用パッケージが完成していればの話ですが、誰かがパッケージを作りさえすれば、他の人はそれを利用するプログラムの作成だけに専念できるわけです。特に、Javaではどんなコンピュータでもプログラムは動作するので、世界中で誰か1人あるいは1グループが科学計算用パッケージを作成しさえすれば、他のプログラマ全員がそれを利用したプログラムをコンピュータやOSの種類の影響を受けることなく作成することができます。

パッケージは他のパッケージと区別できるように、それぞれ固有の名前が付けられています。固有の名前付けがきちんと守られるように、Javaではインターネットのドメインを逆順にしたものをパッケージの先頭につけることを推奨しています。例えば、技術評論社で科学計算用パッケージを作成したとすると、技術評論社のドメイン名はgihyo.co.jpですので、そのパッケージ名の先頭はjp.co.gihyoになります。

8-5-2 パッケージ名を使ったパッケージの利用

Javaでは必要なパッケージを必要なときに取り込む仕組みになっています。そのため、プログラム中にimportキーワードを用いて、どのパッケージを取り込むかを明記する必要があります。その1つの方法がパッケージ名を指定したパッケージの利用です。

リスト8-29に示すプログラムは、java.textパッケージのDecimalFormatクラスを使用した例です。

▼ **リスト8-29** PackageTest1.java

```
01 class PackageTest1 {
02   public static void main(String[] args) {
03     int x = 1234567;
04 
05     java.text.DecimalFormat df = new java.text.DecimalFormat(",###");
06 
07     System.out.println("x = " + x);
08     System.out.println("x = " + df.format(x));
09   }
10 }
```

```
C:¥SRC>java PackageTest1
x = 1234567
x = 1,234,567

C:¥SRC>
```

このように、パッケージ名の後に.を付けクラス名を指定することで、java.textパッケージに含まれているDecimalFormatクラスのインスタンスを生成しています。

8-5-3 importによるパッケージの利用

パッケージ名を記述することで、パッケージに含まれているクラスを使用することができるようになりましたが、プログラムの記述がとても長くなってしまいます。

ここで、パッケージ名がなぜ必要となるのかを考えてみましょう。

既に述べたように、パッケージには数多くのパッケージを区別できるように固有の名前を付けています。パッケージ名を記述することは、どのパッケージを利用するのかを明記し、そのパッケージを呼び出していると考えることができます。この呼び出しは、今作成しているプログラムがそのパッケージを知らないから必要になっています。そこで、作成しているプログラムにパッケージそのものを取り込んで、プログラムの一部として使ってみましょう。この取り込みを行うのが**import**です。

importを用いることで、パッケージの取り込みができるのでパッケージ名を記述することなく、手元にあるクラスとしてクラス名だけで使用することができます。ただし、importは物理的にパッケージ内のクラスをコピーしたり、プログラムリストの中に挿入したりするわけではなく論理的に取り込んでいますから、一度importすれば後はしなくて良いのではなく、プログラムの作成中は常にimportを記述しておく必要があります。

import文の基本的な書式は次のとおりです。

▶ importの基本スタイル

```
import パッケージ名.クラス名;
```

PackageTest1.javaをimport文を使って書き換えると、**リスト8-30**のようになります。

▼ リスト8-30 PackageTest2.java

```
01 import java.text.DecimalFormat;
02 
03 class PackageTest2 {
04   public static void main(String[] args) {
05     int x = 1234567;
06 
07     DecimalFormat df = new DecimalFormat(",###");
08 
09     System.out.println("x = " + x);
10     System.out.println("x = " + df.format(x));
11   }
12 }
```

```
C:¥SRC>java PackageTest2
x = 1234567
x = 1,234,567

C:¥SRC>
```

基本スタイルでは、パッケージ内の1つのクラスをimportしますが、同じパッケージに入っているクラスをたくさん使うときには、import文の記述が多くなってしまいます。そこで、クラス名にワイルドカードを使うことができます。ワイルドカードは*(アスタリスク)で表現され、クラス名の代わりに*を使うと、すべてのクラスを指定したことと同じ働きを持ちます*1。

*1 *が使えるのはクラス名だけでパッケージ名には使うことができません。

▶ importの応用スタイル

```
import パッケージ名.*;
```

8-6 static修飾子

static修飾子を使ってクラスを作成すると、インスタンスではなくクラスそのものに変数やメソッドの機能を持たせることができます。実際にどんな働きになるのか、それぞれ見ていくことにしましょう。

8-6-1 静的変数（クラス変数）

フィールド変数にstatic修飾子を付けると、インスタンスを作成することなく、その変数を利用することができます。このような変数のことを静的（static）変数、またはクラス変数と呼びます[*1]。

*1 これに対し、インスタンス化したものの変数をインスタンス変数と呼びます。

▼ リスト8-31 StaticValues.java

```
01 class StaticValues {
02     static String greet = "こんにちは";
03 }
```

▼ リスト8-32 StaticValuesTest1.java

```
01 class StaticValuesTest1 {
02     public static void main(String[] args) {
03         System.out.println(StaticValues.greet);
04   }
05 }
```

静的変数はクラス（設計図）に共通した変数として機能するので、インスタンスを作成してその変数を使用すると、同じクラス（設計図）から作成されたインスタンスで変数を共有することになります。

次のプログラムで共有されていることを確認しましょう。

▼ リスト8-33 StaticValuesTest2.java

```
01 class StaticValuesTest2 {
02     public static void main(String[] args) {
03         StaticValues s1 = new StaticValues();
04         StaticValues s2 = new StaticValues();
05 
06         System.out.println(s1.greet);
07         System.out.println(s2.greet);
08         s1.greet = "Hello";
09         System.out.println(s1.greet);
10         System.out.println(s2.greet);
11   }
12 }
```

実行結果

```
C:¥SRC>java StaticValuesTest2
こんにちは
こんにちは
Hello
Hello

C:¥SRC>
```

リスト8-33では、8行目でインスタンスs1の変数greetにHelloを代入しています。このgreetは静的変数なので、この代入の結果はs1だけではなく、s2にも影響します。そのため、10行目のs2.greetでもHelloと表示されるのです。

静的変数を共有させたいが値は変更したくない、という場合もあるでしょう。その時はfinal修飾子を付けて静的変数を宣言して定数にし、各インスタンスで代入ができないようにしましょう。

▼ **リスト8-34**　StaticValues.java（リスト8-30にfinal修飾子を追加）

```
01 class StaticValues {
02     static final String greet = "こんにちは";
03 }
```

8-6-2 静的メソッド

メソッドにstatic修飾子を付けると、静的変数と同様にインスタンスを作成せずに、そのメソッドを利用することができます。

▼ **リスト8-35**　StaticMethods.java

```
01 class StaticMethods {
02     static void sayHello() {
03         System.out.println("Hello");
04     }
05 }
```

▼ **リスト8-36**　StaticMethodsTest.java

```
01 class StaticMethodsTest {
02     public static void main(String[] args) {
03         StaticMethods.sayHello();
04     }
05 }
```

実行結果

```
C:¥SRC>java StaticMethodsTest
Hello

C:¥SRC>
```

8-6-3 インナークラス

クラス内でさらにクラスを定義されたものをインナークラス（内部クラス）と呼びます。インナークラスを持つクラスは、インナークラスをメンバーの1つとして扱うことができます。**リスト8-37**では、StaticClassesというクラスを宣言していますが、2行目でInner1というクラスの宣言も行っています。この外側にあるStaticClassesを外部クラス、内側にあるInner1を内部クラスと呼びます。

内部クラスが持つ静的メソッドsayHello()を実行するためには、

```
外部クラス名.内部クラス名.メソッド名();
```

と指定します（**リスト8-38**）。

▼ **リスト8-37** StaticClasses.java

```
01 class StaticClasses {
02   static class Inner1 {
03     static final String greet = "こんにちは";
04     static void sayHello() {
05       System.out.println(greet);
06     }
07   }
08 }
```

▼ **リスト8-38** StaticClassesTest1.java

```
01 class StaticClassesTest1 {
02   public static void main(String[] args) {
03     StaticClasses.Inner1.sayHello();
04   }
05 }
```

実行結果

```
C:¥SRC>java StaticClassesTest1
こんにちは

C:¥SRC>
```

外部クラスのインスタンス化はこれまで通りnew演算子を使って行いますが、内部クラスのインスタンス化はstaticクラスかそうでないかによって変わってきます。内部クラスをもう一つ作成して、それぞれをインスタンス化してみましょう。

リスト8-39では、staticな内部クラスInner1と非staticな内部クラスInner2が宣言されています。staticな内部クラスをインスタンス化するには、

```
外部クラス名.内部クラス名 オブジェクト名 = new 外部クラス名.内部クラス名();
```

のように行います。

一方、非staticな内部クラスの場合は、

```
外部クラス名 外部クラスのオブジェクト名 = new 外部クラス名();
外部クラス名.内部クラス名 = 外部クラスのオブジェクト名.new 内部クラス名();
```

と、一度外部クラスのインスタンスを作成し、そのインスタンスを使って内部クラスのインスタンスを作成します（**リスト8-40**）。

▼ **リスト8-39** StaticClasses.java (リスト8-36にclassを追加)

```
01 class StaticClasses {
02   static class Inner1 {
03     static final String greet = "こんにちは";
04     static void sayHello() {
05       System.out.println(greet);
06     }
07   }
08 
09   class Inner2 {
10     String greet = "Hello";
11     void sayHello() {
12       System.out.println(greet);
13     }
14   }
15 }
```

▼ **リスト8-40** StaticClassesTest2.java

```
01 class StaticClassesTest2 {
02   public static void main(String[] args) {
03     StaticClasses sc = new StaticClasses();
04 
05     StaticClasses.Inner1 si1 = new StaticClasses.Inner1();
06     si1.sayHello();
07 
08     StaticClasses.Inner2 si2 = sc.new Inner2();
09     si2.sayHello();
10   }
11 }
```

実行結果

C:¥SRC>java StaticClassesTest2
こんにちは
Hello

C:¥SRC>

8-7 アクセス修飾子

クラスのメンバを直接参照できることはプログラムを作成する時には便利ですが、メンバの値が適切なものであるかどうかの保証はなくなってしまいます。特定のクラスやパッケージ以外からの直接参照を制限するなど、クラスへのアクセスを制限する方法を説明します。

8-7-1 アクセス修飾子とは

Fractionクラスは、.(ピリオド)演算子を使っていつでもインスタンスの分子(numerator)と分母(denominator)の値を個別に変更することができます。足し算を行うadd()メソッドを作成しましたが、直接分子や分母の値を変更できるので、add()メソッドを使わずとも足し算を行うこともできてしまいます。つまり、分数の足し算を行う方法が2種類用意されている訳です。

プログラムを作成する上で、さまざまな場面で適宜分子分母の数値を個別に変更できることは、臨機応変にプログラムの変更ができて便利に思えます。しかし、プログラムを後で読み返したり、他の人が作成したプログラムを読んだりした時に、分子の変更が足し算のために行われたのか、掛け算のために行われたのかなど、式を見ただけで瞬時に判断することは困難です。また、分子への足し算を掛け算と間違えて入力してしまったとしたら、それをプログラムリストから判断することは、多くの労力や経験を要してしまいます。

このように、データの本質を表現するような値をプログラムで直接変更することは好ましくありません。そこで、オブジェクト指向プログラミングの世界では、「隠蔽」または「カプセル化」という手法で不用意(不正)なデータの変更が行われないよう、データを保護することができます。

8-7-2 データの保護

データの保護は、制御を行う対象とその度合いによって4つの段階に分かれていますが、どれもアクセス(参照)制御という形で実現されます。つまり、クラスやインスタンス変数、メソッドは保護されることによって、それらは保護の対象外のクラスからは全く見えなくなり操作が不能になくなってしまうのです。

アクセス制御を行う対象は、次の5種類になります。

① 同一のクラス
② 同一のパッケージ内であり、かつサブクラス
③ 同一のパッケージ内であり、かつサブクラスでないもの
④ 異なるパッケージ内であり、かつサブクラス
⑤ 同一のパッケージ内やサブクラス内に無いもの

アクセス制御の種類とその働きを、**表8-03**に示します。

▼ **表8-03** アクセス制御の種類と働き

アクセス制御の種類	意味
public	どこからでもアクセスできる（①～④の全て可）
protected	同一のパッケージ内のクラス全てと、サブクラス全てからアクセスできる（①～④が可）
private	同一のクラスからのみアクセスできる（①のみが可）
デフォルト（何も書かない）	同一のパッケージからのみアクセスできる（①～②が可）

publicは一般公開して広くクラスを使ってもらいたいときに指定します。**private**は他人に勝手にデータを変更したり、メソッドを実行したりしてもらいたくない場合の仲間内だけの公開になります。**protected**は原則非公開で、特に大事なデータやメソッドを保護したいときに使用します。表中の参照制御の種類を表すpublicやprotectといったキーワードは、修飾子としてクラスやメソッド、そして変数を宣言する時に一緒に使用されます。なお、デフォルトは何も修飾子をつけない場合に設定される制御です。

ここで、修飾子を含めたクラスとメソッドの基本スタイルを示します。

▶ クラスの基本スタイル

```
修飾子 class クラス名 [extend クラス名] {
    設計図の内容
}
```

▶ メソッドの基本スタイル

```
修飾子 メソッドの型 メソッド名([型 引数 ...]) {
    メソッドの内容
}
```

コレクションフレームワーク

集合操作のように、いくつかの要素の集まりを操作するためにJavaにはコレクションフレームワークと呼ばれるものが用意されています。

コレクションフレームワークで用意されているSetインタフェースを例に、その働きを見てみましょう。Setは重複がない要素を集合として扱うためのもので、要素はadd()メソッドで追加し、remove()メソッドで削除、clear()メソッドで全てを削除することができます。

なお、プログラム内にSet<String>のような記述がありますが、これはジェネリクス(Generics)という機能で、集合に格納する要素がどのようなオブジェクトなのかを指定しているのです。

ここでは、<String>と指定しているので、要素は文字列(String)であるとして処理がなされますし、文字列ではないものを集合に追加しようとするとエラーが発生するので、不適切な要素の追加を未然に防ぐことができます。

▼ **リストA** SetTest.java

```
01 import java.util.Set;
02 import java.util.HashSet;
03 
04 class SetTest {
05     public static void main(String[] args) {
06         Set<String> winUser = new HashSet<String>();
07         Set<String> macUser = new HashSet<String>();
08 
09         winUser.add("Sasaki");
10         winUser.add("Ota");
11         winUser.add("Kudo");
12         winUser.add("Sasaki");   ----- Sasakiの2回目の追加
13 
14         macUser.add("Asai");
15         macUser.add("Sasaki");
16         macUser.add("Mizuno");
17 
18         System.out.println("Windows User: " + winUser);
19         System.out.println("Mac User: " + macUser);
20     }
21 }
```

実行結果

```
C:¥SRC>java SetTest
Windows User: [Sasaki, Kudo, Ota]
Mac User: [Sasaki, Asai, Mizuno]

C:¥SRC>
```

第9章

例外処理

これまでのプログラムには、想定外のアクシデントやミスなど、プログラム実行時に起きるトラブルに対処する箇所がありませんでした。しかしプログラムの規模が大きくなればなるほど、トラブルへの対処が重要になってきます。

9-1 例外とは

これまでのプログラムはすべて、プログラムの動作が正常に行われることを前提に作成してきました。しかしプログラムの動作には、想定外の事態により正常に動作しない状況も多々考えられます＊1。このような状況のことを、例外といいます。

9-1-1 プログラムを安全に動作させるには

＊1 例えばファイルを読み込むはずが、そのファイルが存在しなかったり、ハードディスクが壊れていて読み込めなかったりすることがあります。また、数値データを処理するプログラムなのに、間違って文字を入力が指定されることもあるでしょう。

プログラムは、例外によって動作のしかたが変わってしまいます。正常に動作しているように見えることもあれば、コンピュータが停止してしまうこともあります。つまり一度プログラムを実行してしまうと、後の動作はすべてプログラム任せになってしまうわけです。これでは、安心して使用することができません。

▼ 図9-01　例外

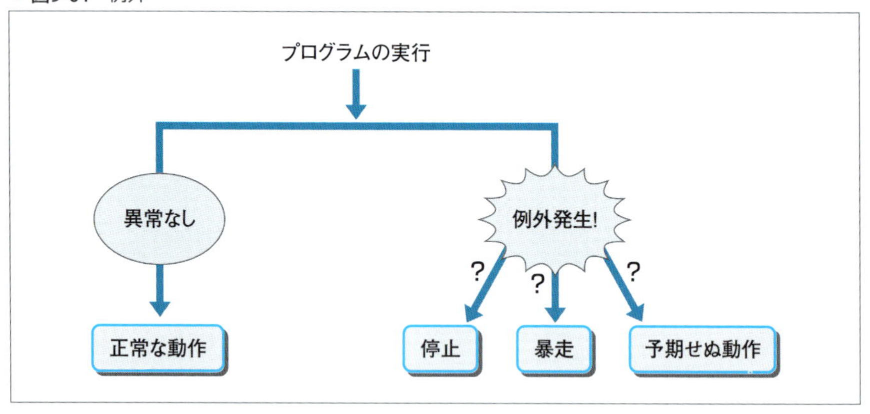

Javaでは、例外が発生し得る処理には、その例外にどう対処するかをあらかじめ記述しなければなりません。このような処理のことを、例外処理といいます。例外処理の記述を義務付けることで、Javaのプログラムは高い安全性を得ているのです。

9-1-2 例外の種類

＊2 実行する環境やタイミングなど、外部要因によって引き起こされる問題は、プログラムの記述内容で対応できません。例えばメモリが不足していると、他のプログラムで使用されているメモリが開放されるまでプログラムを実行できません。このような場合、Errorに属するOutOfMemoryErrorというエラーが発生します。

＊3 これをバグといいます。

Javaが扱っている例外は、大きく分けてErrorとExceptionの2種類あります。

Errorは、OSやJavaVMなどに起因する、システム内部の問題に起因する例外の集合です＊2。一方Exceptionには、0による除算など、プログラム中の人為ミス＊3が原因で発生するRuntimeExceptionや、必要なファイルが存在しないなど外的要因が原因で生じるIOExceptionなどがあります。

ErrorとExceptionは、それぞれクラスとして扱われます。そしてその下に、より具体的な例外に対応するサブクラスを持っています。この階層構造の頂点にあるのが、Throwableクラスです。

▼ 図9-02　例外の階層構造

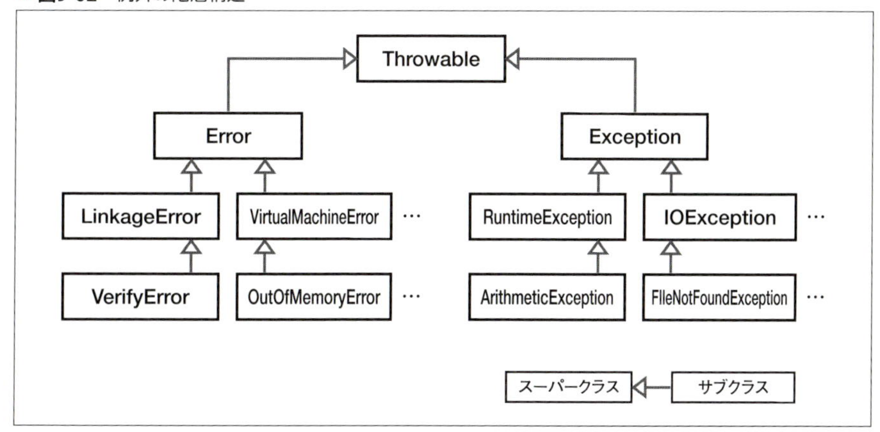

どのような例外が生じるかは、行う処理によって異なります。また、使用するメソッドによっては例外処理を行うか、**9-2-2**で説明する発生した例外の処理を他に任せるための記述をしておかなければならないものもあります。しかし、使用するメソッドのマニュアルから1つ1つチェックしていくのも面倒です。そこで、とりあえず例外処理を行わずにコンパイルをし、コンパイルエラーを見てから必要な例外処理を知る方法もあります。

▼ **リスト9-01**　ExceptionDemo.java

```
01 class ExceptionDemo {
02     public static void main(String[] args) {
03         java.io.FileReader fr = new java.io.FileReader("ExceptionDemo.java");
04     }
05 }
```

実行結果

```
C:¥SRC>javac ExceptionDemo.java
ExceptionDemo.java:3: 例外 java.io.FileNotFoundException は報告されません。スロ
ーするにはキャッチまたは、スロー宣言をしなければなりません。
    java.io.FileReader fr = new java.io.FileReader("ExceptionDemo.java");
                            ^
エラー 1 個

C:¥SRC>
```

例題9-1 (1)

Q1　**Javaが扱う2つの例外をそれぞれ答えなさい。**

Q2　**LinkageErrorやRuntimeExceptionなど例外すべてのスーパークラスの名前を答えなさい。**

9-2 例外処理の記述

Javaでは例外が発生したときにプログラムがどう振る舞うかを記述することで、万一例外が発生してもプログラムの実行が継続できるようになります。

9-2-1 例外捕捉(try catch)

まずtryで、例外が発生する可能性のある処理を行います＊1。例外が発生した場合はcatchで捕捉し、種類に応じた処理を実行します＊2。catchは、どのような例外に対応するのかを示す例外パラメータを必要とします。

▶ 例外処理try catchの書式

```
try {
    例外が生じる可能性のある処理
} catch (例外クラス 例外オブジェクト名) { ------いくつも重ねてよい
    例外に対する処理
} finally {
    例外の有無に関わらず行う処理
}
```

＊1 tryには、例外が生じる可能性のある処理を複数記述できます。例外が発生すると、以後の処理はcatchに移り、tryの中のそれ以降の処理は実行されません。例外にも継承関係がありExceptionクラスを使用するとすべての例外に対応します。例外クラスは必ず抽象度の低い順に記述しましょう。

＊2 catchは例外ハンドラ(excaptionl handlers)とも呼ばれます。1つの処理で例外が複数発生する可能性がある場合は、その数だけcatchを記述します。

＊3 主に、例外発生時にプログラムがきちんと動作するかテストするときや、独自の例外を使用したい場合などに用います。独自の例外の作成は、例外クラスを継承することで作成します。

▼ 図9-03 tryとcatch

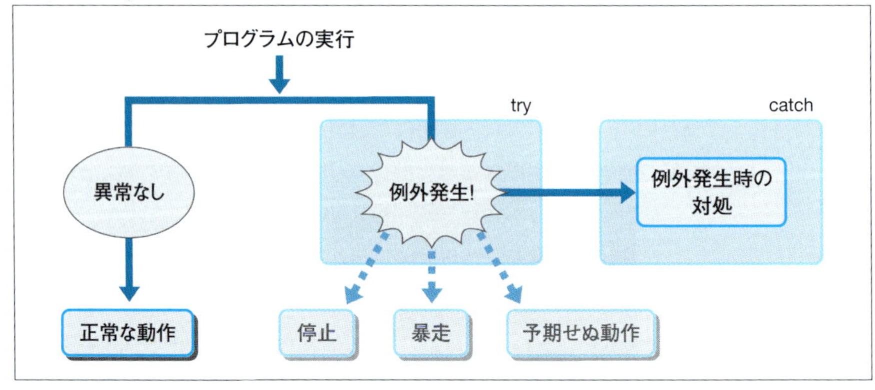

リスト9-01をtry catchを使って例外処理をしたものに書き換えてみましょう(**リスト9-02**)。プログラム中のどこで、どんな例外が発生する可能性があるのかは、**リスト9-01**のExceptionDemo.javaをコンパイルしたときのエラーメッセージを読めば判ります。

エラーが発生した場所がtryしなければならないところです。new java.io.FileReader(ファイル名)のところでエラーが出ているので、この部分をtryで括らなければなりません。さらに、「例外FileNotFoundExceptionは報告されません。スローするには、捕捉または宣言する必要があります」と書かれているので、FileNotFoundException(ファイルが見つからない)という例外をcatchして、例外の発生に備える必要があります。

▼ **リスト9-02** ExceptionDemo1.java

```
01 import java.io.FileReader;
02 import java.io.FileNotFoundException;
03 
04 class ExceptionDemo {
05     public static void main(String[] args) {
06         try {
07           FileReader fr = new FileReader("ExceptionDemo1.java");
08         } catch (FileNotFoundException e) {
09           System.out.println("ファイルが見つかりません");
10         }
11     }
12 }
```

FileNotFoundExceptionに関する情報は、java.io.FileNotFoundExceptionクラスに記述されていますので、1行目でこのクラスをimportしています。6行目の処理をtryで囲み、8行目で例外が発生したときに、「ファイルが見つかりません」というメッセージを出すようにしています。

さらに、finallyで例外の有無にかかわらずに行う処理を記述していますが、例外を発生する可能性のある処理を含んでいるので、さらにtry catchの記述を行っています。

この例では、ファイルを読み込む準備をしているだけですので、実際にファイルを読み込んで、それを出力するプログラムを以下に示します。ファイルからの読み込みの詳細については、**第10章**を参照してください。

▼ **リスト9-03** ExceptionDemo1.java (リスト9-02にファイルからの読み込み処理を追加)

```
01 import java.io.FileReader;
02 import java.io.FileNotFoundException;
03 import java.io.IOException;
04 import java.util.Scanner;
05 
06 class ExceptionDemo1 {
07   public static void main(String[] args) {
08     Scanner sc = null;
09     FileReader fr = null;
10     try {
11       fr = new FileReader("ExceptionDemo1.java");
12       sc = new Scanner(fr);
13       while (sc.hasNext()) {
14         System.out.println(sc.nextLine());
15       }
16     } catch (FileNotFoundException e) {
17       System.out.println("ファイルが見つかりません");
18     } finally {
19       if (sc != null) {
20         sc.close();
21       }
22       try {
23         if (fr != null) {
24           fr.close();
25         }
26       } catch (IOException e) {
27         System.out.println("I/Oエラーが発生しました");
```

```
28          }
29        }
30      }
31  }
```

*4 例外がErrorやRuntimeExceptionのサブクラスである場合、throwsがなくても自動的にスローされる設定になっています。

なお、throw文とnew演算子を使うと、例外を任意に発生させられます*3。

▶ **throw文の書式**

```
throw new 例外クラス名( );
```

```
throw new ArithmeticException();
```

ただし、発生させた例外がErrorやRuntimeException以外のサブクラスである場合、発生させたメソッド内でキャッチされるか、throws（**9-2-3**で解説）で呼び出し元に転送（スロー）しないと、コンパイルエラーになります*4。

リスト9-03のtry内を修正し、FileNotFoundExceptionが必ず発生するようにしてみましょう。

▼ **リスト9-04**　ExceptionDemo2.java

```
01  import java.io.FileReader;
02  import java.io.FileNotFoundException;
03  import java.io.IOException;
04  import java.util.Scanner;
05  
06  class ExceptionDemo2 {
07    public static void main(String[] args) {
08      Scanner sc = null;
09      FileReader fr = null;
10      try {
11        throw new FileNotFoundException();
12      } catch (FileNotFoundException e) {
13        System.out.println("ファイルが見つかりません");
14      } finally {
15        if (sc != null) {
16          sc.close();
17        }
18        try {
19          if (fr != null) {
20            fr.close();
21          }
22        } catch (IOException e) {
23          System.out.println("I/Oエラーが発生しました");
24        }
25      }
26    }
27  }
```

9-2-2 例外処理を他に任せる(throws)

＊5 明示的に例外を転送する場合はthrow(**9-2-1**参照)を使用します。

try catchは「発生した例外を自分で処理する」例外処理でした。しかし、例外が発生した処理プログラム(メソッド)内だけで対処できない例外も考えられます。このような例外は、**throws**でメソッドの呼び出し元(親メソッド)に転送(スロー)し、例外処理を任せることができます＊5。

throwsを使った例外処理の書式は次のようになります＊6。

書式

▶ throws

```
メソッド名(パラメータ) throws 例外クラス名 { メソッドの内容 }
```

＊6 複数の例外処理を親メソッドに任せる場合は、例外クラス名を「,」で区切って並べます。

例外処理を転送している例を次に示します。

▼ **リスト9-05** DivideByZero3.java

```
01 class DivideByZero3 {
02     public static void main(String[] args) {
03         int a = 10, ans1 = 0, ans2 = 0;
04 
05         try {
06             ans1 =div(a, 0);
07         } catch (ArithmeticException e) {
08             System.out.println("0で除算しました。");
09         } finally {
10             System.out.println("ans1 =" + ans1);
11         }
12 
13         try {
14             ans2 =div(a, 1);
15         } catch (ArithmeticException e) {
16             System.out.println("0で除算しました。");
17         } finally {
18             System.out.println("ans2 =" + ans2);
19         }
20     }
21 
22     static int div(int x, int y) throws ArithmeticException {
23         return x / y;
24     }
25 }
```

処理を転送

実行結果

```
C:¥SRC>java DivideByZero3
0で除算しました。
ans1 =0
ans2 =10

C:¥SRC>
```

9-2-3 例外クラスの作成

例外クラスを継承することで例外クラスを独自に作成することもできます。作成した例外クラスは、他のクラスと同様にnew演算子を使ってその例外を生成することで、例外を発生させることができます。

例外を発生させても、そこで例外処理を行わなければならないのでは本末転倒ですから、次のようにthrowとあわせて使い、発生した例外を外部のメソッドで捕捉できるようにします。

▶ 例外クラスの作成スタイル

```
throw new 例外クラス( );
```

```
throw new EvenException();
```

値が偶数の時に発生させる例外EvenExceptionと奇数の時に発生させるOddExceptionの2つの例外クラスを作成し、**7-3-5**で登場した偶数か奇数かを判定するプログラムEvenTest.javaを書き換えてみましょう。

▼ **リスト9-06** EvenTest2.java

```
01 class EvenException extends Exception {}
02 class OddException extends Exception{}
03
04 class EvenTest2 {
05     static void isEven(int n) throws EvenException, OddException {
06         if (n % 2 == 0) {
07             throw new EvenException();
08         } else {
09             throw new OddException();
10         }
11     }
12
13     public static void main(String[] args) {
14         int a = 3;
15
16         try {
17             isEven(a);
18         } catch (EvenException e) {
19             System.out.println("偶数です。");
20         } catch (OddException e) {
21             System.out.println("奇数です。");
22         }
23     }
24 }
```

実行結果

```
C:¥SRC>java EvenTest2
奇数です。

C:¥SRC>
```

❖ リスト解説

01行目, 02行目

Exceptionクラスを継承したEvenExceptionクラスとOddExceptionクラスを作成します。例外を発生させるだけに使うため、単純にクラスを継承させその中身をExceptionクラスと同じものとしています。

06行目

割り算のあまりで奇数か偶数かを判断します。

07行目

nの値が偶数であれば例外EvenException()を発生させます。

09行目

nの値が奇数であれば例外OddException()を発生させます。

16行目～22行目

isEven()メソッドを実行して、EvenExceptionが発生したら19行目で"偶数です。"と表示させ、OddExceptionが発生したら21行目で"奇数です。"と表示させます。

例題9-2(2)

Q1 try節の中でFileNotFoundExceptionを発生させ、例外処理を行うことができるよう、空欄に適切な語句を入れなさい。

```
01 try {
02   処理A;
03
04   [ ① ] new [ ② ];
05 }
06 catch( [ ③ ] e) {
07   処理B;
08 }
```

Q2 次の例外を発生させるために必要な例外クラスを作成しなさい。

```
01 if (ans == -1) {
02   throw new AnswerException();
03 } else {
04   throw new AnswerException("不正な値です。");
05 }
```

Q3 次のメソッドを、例外をすべて親メソッドで処理するよう、書き換えなさい。

```
01 double sampleMethod(int a, int b) {
02   try {
03     処理A;
04   } catch (ArithmeticException e1) {
05     処理B;
06   } catch (IOException e2) {
07     処理C;
08   }
09 }
```

アサーション

アサーションはプログラムを動作させる時に前提となる利用状況(仕様)をプログラム中に記述し、プログラム内の実際の処理を行う前に、その前提に基づいているかどうかを判定することができます。アサーションはプログラムの論理的な誤り(バグ)を発見する時に非常に効果を発揮するのです。判定の結果falseになると、**AssertionError**を発生させます。

▼ **リストA** AssertionTest2.java

```
01 class AssertionTest2 {
02     public static void main(String[] args) {
03         int n = Integer.parseInt(args[0]);
04         System.out.print(n + "は");
05         if (n % 2 == 1) {
06             System.out.println("奇数です。");
07         } else {            ------ 2で割った余りが1ではないから、余りは0のはず!
08             assert n % 2 == 0;  ------ 余りが0でない時にAssertionError発生
09             System.out.println("偶数です。");
10         }
11     }
12 }
```

アサーションを使うときにはオプション「-source 1.4」を指定してコンパイルする必要があります。実行するときもアサーションを有効にして実行させなければ、アサーションの機能が働きません。アサーションを有効にして実行するためには、オプション「-ea」を指定します。

実行結果

```
C:¥SRC>java -ea AssertionTest2 5
5は奇数です。

C:¥SRC>java -ea AssertionTest2 -5
-5はException in thread "main" java.lang.AssertionError
        at AssertionTest2.main(AssertionTest2.java:8)

C:¥SRC>
```

(-eaオプションを指定)

第10章

データの入出力

これまで作成してきたプログラムは、すべて処理対象となるデータをプログラム中に直接書き込んでいました。そのため、データを変更するためにはプログラムの変更が必要になるので、コンパイルをし直さなければなりませんから、使い勝手がよくありませんでした。

本章では、プログラムの実行時や実行中に処理対象となるデータをキーボードやハードディスク、あるいはインターネットから読み込んだり、実行結果をディスプレイだけではなくファイルに保存したりする方法を学びます。

10-1 キーボードからの入力

データ入力の最初は、キーボードを使った方法について説明します。入力を行うタイミングが異なる2つの方法を見てみましょう。

10-1-1 コマンドライン引数

7-2で示したように、main()メソッドは引数としてStringクラスの配列argsを受け取ります。このargsにはどのようにして値が引き渡されているのでしょう?

メソッドに値を渡す側と渡される側関係を意識しながら、次のプログラムを実行方法に注意しながら動かしてみましょう。

▼ **リスト10-01** HelloName.java

```
01 public class HelloName {
02     public static void main(String[] args) {
03         System.out.println("Hello, " + args[0] + '!');
04     }
05 }
```

実行結果

```
C:¥SRC>java HelloName Sasaki
Hello, Sasaki!

C:¥SRC>
```

プログラムを実行するときに、クラス名HelloNameに空白を1つ空けて"Sasaki"という文字列を入力しています。

プログラムHelloName.java中には"Sasaki"と書いている箇所はどこにもありませんが、プログラムの実行結果を見ると、Sasakiが出力されています。実行時にクラス名とともに入力した文字列が、実行結果で出力されているのです。これは「コマンドライン引数」というもので、javaコマンドの実行時にクラス名のあとに記述したものが、Javaプログラムにパラメータ(引数)として渡されています。Stringクラス変数**args[ ]**がこのパラメータを受け取り格納しているので、

```
System.out.println("Hello, " + args[0] + '!');
```

でHello, Sasaki!が出力されるのです。

このように、プログラムを変更しなくとも、実行時にコマンドライン引数としてパラメータを渡すことによって、プログラムの動作を変更させることができます。なお、このプログラムはコマンドライン引数が必ず1つ以上存在することを前提としていますので、実行時に名前を書かずにプログラムを動かしてしまうと、プログラムは実行時エラーを起こして終了してしまいます。

例題10-1(1)

Q1 **コマンドライン引数が与えられない場合には、「Hello!」だけを出力するようにHelloName.javaを改良しなさい。**

10-1-2 コマンドライン引数の型変換

＊1 実数への変換を行うのはDouble.parseDoubleとなります。

コマンドライン引数によるパラメータはすべて文字列（String）として扱われます。そのため、数値演算のためのデータとして用いるためには、文字列から整数や実数の数値に変換しなければなりません。整数への変換を行う命令がInteger.parseInt()です＊1。

次のNumericInput1.javaでは、税抜き価格（整数）を1つ目のパラメータ、税率（実数）を2つ目のパラメータとしてコマンドラインより取得し、それぞれを変換した値をint型変数priceとdouble型変数taxRateに代入をして、消費税込みの価格を計算しています。

▼ リスト10-02　NumericInput1.java

```
01 class NumericInput1 {
02   public static void main(String[] args)  {
03     int price = Integer.parseInt(args[0]);
04     double taxRate = Double.parseDouble(args[1]);
05     System.out.println("税込み価格は " + price * (1+taxRate) + "円です。");
06   }
07 }
```

実行結果

```
c:¥SRC>java NumericInput1 1000 0.08
税込み価格は 1080.0円です。

c:¥SRC>
```

このように、パラメータをString以外の型で使用する場合は、その型に対応したラッパークラスを用いて値の変換をする必要があります。それぞれのクラスを利用した変換方法を**表10-01**に示します。

▼ 表10-01　ラッパークラスを利用した変換

型	ラッパークラス	変換方法	変換例
byte型	Byte	Byte.parseByte(string)	byte b = Byte.parseByte("12");
short型	Short	Short.parseShort(string)	short s = Short.parseShort("34");
int型	Integer	Integer.parseInt(string)	int i = Integer.parseInt("1234");
long型	Long	Long.parseLong(string)	long l = Long.parseLong("1234567");
float型	Float	Float.parseFloat(string)	float f = Float.parseFloat("0.1234");
double型	Double	Double.parseDouble(string)	double d = Double.parseDouble("0.123456789");
boolean型	Boolean	Boolean.parseBoolean(string)	boolean bool = Boolean.parseBoolean("true");

例題10-1（2）

Q1 **第5章のBMI2.jsh（P.112）をJShellではなくJavaプログラムとして動くように修正し、コマンドライン引数とDoubleクラスを使用したものに書き換えなさい。**

10-1-3 Scannerを利用したデータ入力

コマンドライン引数を利用した方法では、プログラムを実行する前までにデータを入力していなければなりません。プログラムの実行中にデータを入力できるようにするためには、java.utilパッケージのScannerクラスを使用します。

NumericInput.javaをScannerクラスを使ってプログラム実行中にデータを入力するものに書き換えてみましょう。

▼ リスト10-03　NumericInput2.java

```
01 import java.util.Scanner;
02 
03 class NumericInput2 {
04   public static void main(String[] args)  {
05     Scanner sin = new Scanner(System.in);
06     int price = sin.nextInt();
07     double taxRate = sin.nextDouble();
08     System.out.println("税込み価格は " + price * (1+taxRate) + "円です。");
09   }
10 }
11 
```

実行結果

```
c:¥SRC>java NumericInput2
1000
0.08
税込み価格は 1080.0円です。

c:¥SRC>
```

Scannerクラスのコンストラクタには、データをどこから読み込んでくるかを指定しなければなりません。キーボードから読み込む場合は、**System.in**（標準入力装置）を指定します。

NumericInput2.javaではSystem.inからの入力をScannerオブジェクトとして作成し、それにsinという名前を付けています。この変数sinに対して実際に値を読み込むために、nextInt()メソッドを実行します。nextInt()を1回実行すると、キーボードからのデータを1つ数値としてスキャン（読み込み）して、読み込んだ値をint型変数priceに代入しています。

int型以外の値をスキャンするには、**表10-02**に示すように型に応じた指定を行います。

▼ 表10-02　データの型とスキャンの方法

型	メソッド
String	next()
byte	nextByte()
short	nextShort()
int	nextInt()
long	nextLong()
float	nextFloat()
double	nextDouble()
boolean	nextBoolean()

例題10-1（3）

Q1　**第5章のBMI2.jsh（P.112）をScannerクラスを使用したものに書き換えなさい。**

10-2 ファイルからのスキャン

System.in以外からデータを読み込んでみましょう。ファイルからのスキャンを行うためには、Scanner()にどのファイルからデータをスキャンするのかをjava.ioパッケージのFileRaderクラスを使って知らせる必要があります。

10-2-1 1行のスキャン

ファイルからのスキャンの例として、コマンドライン引数として与えられたソースプログラムを読み込んで、それをディスプレイに表示するプログラムを作成してみましょう。

表10-02で示したnext()等は、データを1つ読み込むための命令でした。ファイルから1行(行の先頭から改行まで)をスキャンする時はnextLine()を使用します。ファイルのすべての行をスキャンするには、行の数だけnextLine()を繰り返すことになりますが、そのファイルは何行なのかを事前に知ることはできません。そこで、行数を指定してnextLine()を実行するのではなく、「ファイルの最後まで」nextLine()を繰り返し実行するのだと、視点を変えてみましょう。

この「ファイルの最後」であるかどうかは、nextLine()でスキャンできるデータがまだ残っているかどうかで判断することができます。この判定を行うメソッドがhasNext()です。hasNext()は、まだnextLine()を実行することができる、つまり次の行が存在しているならばtrueを、そうでないならばfalseを返します。

そこで、while文を使って、hasNext()がtrueである間、nextLine()でファイルから1行を読み込み、それを表示させることにします(**リスト10-04**)。

▼ **リスト10-04** PrintList1.java

```
01 import java.util.Scanner;
02 import java.io.FileReader;
03 import java.io.FileNotFoundException;
04 import java.io.IOException;
05
06 class PrintList1 {
07   public static void main(String[] args)  {
08     FileReader fr = null;
09
10     try {
11       fr = new FileReader(args[0]);
12     } catch (FileNotFoundException e) {
13       System.out.println("ファイルが見つかりません。");
14       System.exit(0);
15     }
16
17     Scanner sin = new Scanner(fr);
18     while (sin.hasNext()) {
19       String s = sin.nextLine();
20       System.out.println(s);
21     }
22     sin.close();
23     if (fr != null) {
24       try {
25         fr.close();
```

```
26       } catch(IOException e) {
27         System.out.println("IOエラーが発生しました");
28       }
29     }
30   }
31 }
```

10-2-2 try-with-resource

try-with-resource文を使用すると、使用したファイル（リソース）を自動的に閉じてくれます。

▶ ファイルからの読み込みを行う時のtry-with-resourceの書式

```
try （ファイルを開くための処理） {
    ファイルを使う処理
} catch （例外クラス 例外オブジェクト名） {
    例外に対する処理
} finally {
    例外の有無に関わらず行う処理
}
```

リスト10-04をtry-with-resource文を使って書き換えてみましょう。

▼ **リスト10-05** PrintList2.java

```
01 import java.util.Scanner;
02 import java.io.FileReader;
03 import java.io.FileNotFoundException;
04 import java.io.IOException;
05 
06 class PrintList2 {
07   public static void main(String[] args)  {
08 
09     try (FileReader fr = new FileReader(args[0]);
10          Scanner sin = new Scanner(fr);) {
11       while (sin.hasNext()) {
12         String s = sin.nextLine();
13         System.out.println(s);
14       }
15     } catch (FileNotFoundException e) {
16       System.out.println("ファイルが見つかりません。");
17       System.exit(0);
18     } catch(IOException e) {
19       System.out.println("IOエラーが発生しました");
20     }
21   }
22 }
```

例題10-2(1)

Q1 プログラムの先頭に行番号をつけて表示させるようにPrintList.javaを改良しなさい。

10-3 インターネット上のデータ読み込みとストリーム

ここではインターネット上にあるファイルを読み込んでみましょう。インターネット上のファイルを扱うにはjava.netパッケージのURLクラスを使用します。

10-3-1 データを読み込むには

実際にデータを読み込むためには、URLクラスからストリームを作成し、そのストリームからjava.ioパッケージの**InputReader**と**BufferedReader**クラスを使用しています。

▼ リスト10-06 URLtest.java

```
01 import java.net.URL;
02 import java.net.MalformedURLException;
03 import java.io.InputStream;
04 import java.io.InputStreamReader;
05 import java.io.BufferedReader;
06 import java.io.IOException;
07
08 class URLtest {
09   public static void main(String[] args) {
10     URL u = null;
11     try {
12       u = new URL("http://www.gihyo.co.jp/");
13     } catch (MalformedURLException e) {
14       System.out.println("URLが正しくありません");
15       System.exit(0);
16     }
17     try (
18       InputStream in = u.openStream();
19       InputStreamReader is = new InputStreamReader(in);
20     ){
21       BufferedReader br = new BufferedReader(is);
22       String s;
23
24       while ((s = br.readLine()) != null) {
25         System.out.println(s);
26       }
27     } catch (IOException e) {
28       System.out.println("IOエラーが発生しました");
29     }
30   }
31 }
```

❖ リスト解説

12行目

URLクラスのコンストラクタにURLを入力してURLオブジェクトを作成します。このURLの記述が正しくないと例外**MalformedURLException**が発生するので例外処理を行う必要があります。

18行目

URLのインスタンスに対して、openStream()メソッドを実行します。Javaでは、連続したデータをストリームというオブジェクトとして扱い、入力の対象となるオブジェクトは入力ストリーム(InputStream)、出力の対象となるオブジェクトは出力ストリーム(OutputStream)と呼びます。openStream()メソッドは、URLで指定したインターネット上のサーバと接続して入力ストリームを作ります。

19行目

入力ストリームからデータを読み込むために、InputStreamReaderを用意します。データはこのインスタンスを使って読み込まれることになります。

21行目

ファイルを1行ずつ読み込ませるために、さらにBufferedReaderを用意します。このBufferedReaderのreadLine()メソッドは1行ごとにデータを読み込みます。読み込むデータが無くなった(ファイルの終わりに達した)ときには、nullを返します。

実行結果

```
c:¥SRC>javac URLtest.java

c:¥SRC>java URLtest

<!DOCTYPE html>
<html xmlns="http://www.w3.org/1999/xhtml" xmlns:og="http://opengraphprotocol.org/schema/" xmlns:fb="http://www.facebook.com/
2008/fbml" xml:lang="ja" lang="ja">
<head>
<meta http-equiv="Content-Type" content="text/html; charset=UTF-8" />
<title>譛ケ邀肴。亥???ス懈哩譚蒋椎ゥ戊ォ也、セ3)</title>
<meta name="description" content="繝代た繧ヲ繝ウ譛ケ?シ栗T譛ケ?シ検縺蟾・譛ケ?シ悟ョ溽畑譛ケ縺ョ蠱コ迚育、セ縺ァ縺吶?ょ?晏ソ?閭?縺ョ譛ケ縺九ｉ蝮
る摩蝗ｶ縺ョ譛ケ縺セ縺ァ?シ悟ケ?蟒?縺?譛ケ縺ォ蟾代ｃ縺滓蔦邀阪ｒ蛻願。後@縺ヲ縺?縺セ縺吶??" />
<meta name="keywords" content="謚?隋楢ゥ戊ォ也、セ,gihyo.jp,譛ケ邀?,髮題ｪ?" />
<meta http-equiv="X-UA-Compatible" content="IE=Edge,chrome=1" />
<meta name="viewport" content="width=device-width, initial-scale=1.0" />
<meta http-equiv="Content-Script-Type" content="text/javascript" />
<meta http-equiv="Content-Style-Type" content="text/css" />
<meta name="twitter:card" content="summary_large_image"/>
<meta name="twitter:site" content="@gihyo_hansoku"/>
<meta property="og:title" content="譛ケ邀肴。亥??" />
<meta property="og:type" content="article" />
<meta property="og:description" content="繝代た繧ヲ繝ウ譛ケ?シ栗T譛ケ?シ検縺蟾・譛ケ?シ悟ョ溽畑譛ケ縺ョ蠱コ迚育、セ縺ァ縺吶?ょ?晏ソ?閭?縺ョ譛ケ
縺九ｉ蝮る摩蝗ｶ縺ョ譛ケ縺セ縺ァ?シ悟ケ?蟒?縺?譛ケ縺ォ蟾代ｃ縺滓蔦邀阪ｒ蛻願。後@縺ヲ縺?縺セ縺吶??" />
<meta property="og:url" content="https://gihyo.jp/book" />
<meta property="og:image" content="http://image.gihyo.co.jp/assets/images/gh_logo.png" />
<meta property="og:site_name" content="謚?隋楢ゥ戊ォ也、セ" />
<meta property="fb:app_id" content="185201618169441" />

<script type="application/ld+json">
```

このプログラムを実行すると技術評論社のトップページの内容(HTMLファイル)が表示されます。行数が多いので先頭部分はスクロールして確認することができなかったことでしょう*1。

なお、使用するコンピュータの文字コードとWebページの文字コードが異なっている場合は、実行結果のように文字化けが生じてしまうので注意してください。

*1 moreコマンドなどと併用すると1画面ずつ表示を止めて確認することができます。

10-4 ファイル出力

10-2でファイルからの入力を行いました。ここではファイルへのデータ出力を行ってみましょう。

10-4-1 FileWriter

プログラムからデータをファイルに出力するにはFileWriterクラスを利用し出力ストリームを作成し、出力ストリームにデータを送るprintWriterクラスを用います。以下のプログラムリストをみてください。

▼ リスト10-07　PrintList3.java

```
01 import java.util.Scanner;
02 import java.io.FileReader;
03 import java.io.FileWriter;
04 import java.io.PrintWriter;
05 
06 class PrintList3 {
07   public static void main(String[] args) {
08     try (FileReader fr = new FileReader(args[0]);
09         FileWriter fw = new FileWriter(args[0] + ".list");
10         Scanner sin = new Scanner(fr);) {
11       PrintWriter out = new PrintWriter(fw);
12       int i = 1;
13       while (sin.hasNext()) {
14         String s = sin.nextLine();
15         out.println(i + ": " + s);
16         i++;
17       }
18     } catch (Exception e) {
19       System.out.println("エラーが発生しました");
20       System.exit(0);
21     }
22   }
23 }
```

解説

❖ リスト解説

08行目

入力ファイルや出力ファイルのチェック、データの書き込みの３つの段階でそれぞれIOExceptionが発生する可能性があります。

09行目

出力ファイルの名前を入力ファイル名(args[0])に.listを加えたものにしています。

13行目～17行目

1行ずつ読み込んだデータの先頭に変数iと:(コロン)を加えて、PrintWriterのprintln()メソッドを使って出力ストリームに書き出しています。

画面には表示されませんが、処理結果はもとのファイル名に.listを付けたものとして保存されています。Windowsの場合はtypeコマンドなどを使ったり、エディタでファイルを開いたりするなどして、行番号が付加されていることを確認しましょう。

実行結果

```
C:¥SRC>type PrintList3.java.list
1: import java.util.Scanner;
2: import java.io.FileReader;
3: import java.io.FileWriter;
4: import java.io.PrintWriter;
5:
6: class PrintList3 {
7:   public static void main(String[] args) {
8:     try (FileReader fr = new FileReader(args[0]);
9:         FileWriter fw = new FileWriter(args[0] + ".list");
10:          Scanner sin = new Scanner(fr);) {
11:        PrintWriter out = new PrintWriter(fw);
12:        int i = 1;
13:        while (sin.hasNext()) {
14:          String s = sin.nextLine();
15:          out.println(i + ": " + s);
16:          i++;
17:        }
18:      } catch (Exception e) {
19:        System.out.println("エラーが発生しました");
20:        System.exit(0);
21:      }
22:   }
23: }
```

typeコマンドとmoreコマンド

PrintList3の動作確認をするために、プログラムの実行結果であるファイルPrintList3.java.listの内容をtypeコマンドで表示させています。Windowsのコマンドプロンプトから、

```
type ファイル名
```

と入力すると、ファイル名で指定されたファイルの中身がすべて表示されます。

多くの行からなるファイルだと、コマンドプロンプト内に収まりきらず、スクロールバーで画面をスクロールさせないと表示内容を確認できなかったり、スクロールしても表示されないという事も起こります。このようなときは、moreコマンドを使用しましょう。moreはファイルの内容を1画面ずつ区切って表示してくれます。スペースバーを押すと次の1ページ分が表示され、Enterキーを押すと1行だけスクロールして次の行を見ることができます。

第11章

マルチスレッド

「一方で計算している間、もう一方で表示する」という処理は、実はこれまで紹介したプログラムでは不可能でした。必ず、一方の処理が終了してから、もう一方が実行されます。こういった、流れが単一の処理に対し、流れが複数ある場合は、処理を同時並行的に実行することができます。

11-1 マルチスレッドの体験

これまで作成してきたプログラムは、main()メソッドから始まり、ifやforなどの制御命令に従いながら、順番に処理されていました。このような処理の流れの単位を、スレッド(thread)といいます＊1。

1つのスレッドで動作する流れを、シングルスレッド(single thread)といいます。それに対し、1つのプログラムに複数のスレッドが存在し、それぞれが実行される流れのことを、マルチスレッド(multi thread)といいます。

11-1-1 シングルスレッドの処理

＊1 プログラムが実行される上での、その実行単位のことをプロセス(process)といいます。例えば複数のプログラムを実行中の場合は、相応のプロセスが進行しています。プロセスは、スレッドの次に大きい実行処理の単位です。

＊2 この割り込みは例外InterruptedExceptionを発生させる可能性があるので、try catchによる例外処理を行っています。

スレッドのコントロールはThreadクラスを利用します。**リスト11-01**は、インスタンス生成時に指定した時間だけ、**sleep()**メソッドで停止しながら表示を繰り返すプログラムです。なお、sleep()メソッドは「割り込み」という手法でプログラムの実行を停止させています＊2。

▼ **リスト11-01**　SingleThread.java

```
01 class SingleThread {
02     String str;
03     int time;
04 
05     SingleThread(String s, int t) {
06         str = s;
07         time = t;
08     }
09 
10     void start() {
11         for (int i = 0; i < 5; i++) {
12             System.out.println("No. " + i + " : " + str);
13             try {
14                 Thread.sleep(time);
15             } catch (InterruptedException e) {}
16         }
17     }
18 }
```

引数に渡された時間停止

▼ **リスト11-02**　SingleThreadTest.java

```
01 class SingleThreadTest {
02   public static void main(String[] args) {
03     SingleThread a = new SingleThread("A", 500);
04     SingleThread b = new SingleThread("¥tB", 700);
05     SingleThread c = new SingleThread("¥t¥tC", 1100);
06 
07     a.start();
08     b.start();
09     c.start();
10   }
11 }
```

実行結果

```
C:¥SRC>java SingleThreadTest
No. 0 : A
No. 1 : A
No. 2 : A
No. 3 : A
No. 4 : A
No. 0 :         B
No. 1 :         B
No. 2 :         B
No. 3 :         B
No. 4 :         B
No. 0 :                 C
No. 1 :                 C
No. 2 :                 C
No. 3 :                 C
No. 4 :                 C

C:¥SRC>
```

Thread.sleep()メソッドによって、aは500ミリ秒おきに出力を繰り返し、bは700ミリ秒、cは1100ミリ秒おきに出力を繰り返します＊3。

＊3 ミリ秒は1/1000秒です。

▼ 図11-01 シングルスレッド

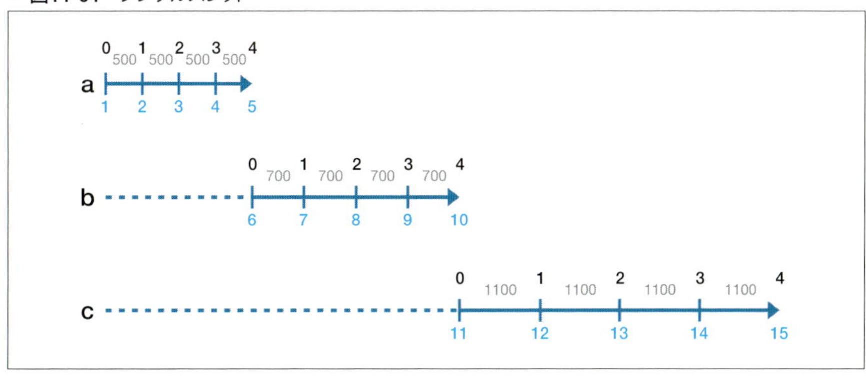

aの表示終了後にb、bの表示終了後にcというプログラムの流れは、何度実行しても変化しません。

例題 11-1 (1)

Q1 九九の答えを順番に、指定した時間ごとに表示させるクラスMultiplicationを作成しました。次のプログラムが正しく動作するよう、空欄に適切な語句を入れなさい。

```
01 class Multiplication {
02   int dan;
03   int time;
04 
05   Multiplication(int d, int t) {
06     dan = d;
07     [  ①  ] = t;
08   }
09 
10   void [  ②  ] {
11     for (int i=1; i<=9; i++) {
12       System.out.print(dan*i);
13       try {
14         Thread.sleep( [  ③  ] );
15       } catch( [  ④  ] e) { }
16       System.out.print(" ");
17     }
18     System.out.println();
19   }
20 }
```

▼ **MultiplicationTest.java**

```
01 class MultiplicationTest {
02     public static void main(String[] args) {
03         Multiplication a = new Multiplication(5, 500);
04         Multiplication b = new Multiplication(6, 700);
05         Multiplication c = new Multiplication(7, 1100);
06 
07         a.start();
08         b.start();
09         c.start();
10     }
11 }
```

11-1-2 マルチスレッドの処理

今度は**リスト11-02**のa,b,cを、それぞれ1つのスレッドとして別々に動作させます。マルチスレッドを使うためには、Threadクラスを継承します。それぞれのスレッドはThreadクラスで定義されているrun()メソッドを呼び出すことで動き出します＊4。

次のプログラムを実行して、マルチスレッドを体験しましょう。

＊4 run()メソッドはpublicでとして宣言されているので、オーバーライドする必要があります。

▼ リスト11-03 MultiThread.java

```
01 class MultiThread extends Thread {   ----- Threadクラスを継承
02     String str;
03     int time;
04 
05     MultiThread(String s, int t) {
06         str = s;
07         time = t;
08     }
09 
10     @Override   ----- Thredクラスのrun()メソッドをオーバーライド
11     public void run() {
12         for (int i = 0; i < 5; i++) {   ----- マルチスレッドを処理するメソッド
13             System.out.println("No. " + i + " : " + str);
14             try {
15                 Thread.sleep(time);   ----- 引数に渡された時間停止
16             } catch (InterruptedException e) {}
17         }
18     }
19 }
```

▼ リスト11-04 MultiThreadTest.java

```
01 class MultiThreadTest {
02   public static void main(String[] args) {
03     MultiThread a = new MultiThread("A",500);
04     MultiThread b = new MultiThread("¥tB",700);
05     MultiThread c = new MultiThread("¥t¥tC",1100);
06 
07     a.start();
08     b.start();
09     c.start();
10   }
11 }
```

実行結果

```
C:¥SRC>java MultiThreadTest
No. 0 : A
No. 0 :                 C
No. 0 :         B
No. 1 : A
No. 1 :         B
No. 2 : A
No. 1 :                 C
No. 2 :         B
No. 3 : A
No. 4 : A
No. 3 :         B
No. 2 :                 C
No. 4 :         B
No. 3 :                 C
No. 4 :                 C

C:¥SRC>
```

aは500ミリ秒おき、bは700ミリ秒おき、cは1100ミリ秒おきに出力を繰り返すことについては、変わりません。しかし、SingleThreadTest.javaではAAA….BBB…, CCC…と、プログラムの流れに沿って順に表示されていたのに対し、MultiThreadTest.javaでは、aの処理が終了してからbの処理を行うのではなく、a、b、c各スレッドがそれぞれ独自に進行しています。

▼ 図11-02　マルチスレッド

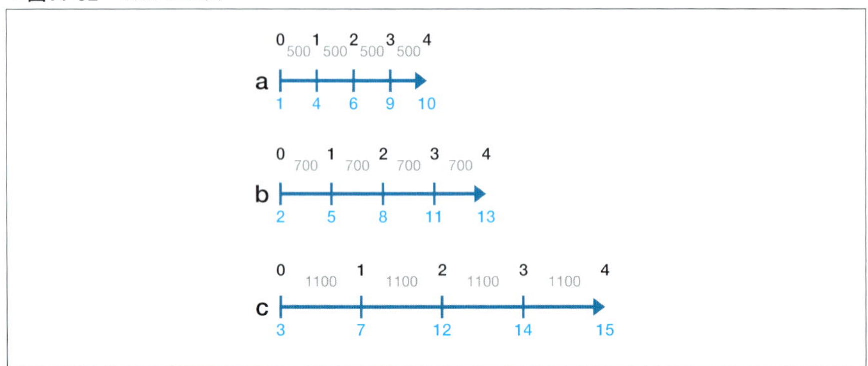

＊5　もちろん、複数のアプレットやアプリケーションを平行して実行することも可能です。

マルチスレッドでは、このようにプログラムの中で複数の処理（この例では文字A、B、Cの表示）を並列的に動かすことができます。例えば、ある処理を行いつつ、マウスのコントロールやグラフィック表示を独立して行うことも可能です＊5。

例題11-1（2）

Q1　例題11-1（1）のシングルスレッドのクラスMultiplication.javaをマルチスレッドに書き換えました。空欄に適切な語句を入れなさい。

```
01 class Multiplication extends [ ① ] {
02   int dan;
03   int time;
04
05   Multiplication2(int d, int t) {
06     dan = d;
07     time = [ ② ];
08   }
09
10   [ ③ ] void [ ④ ] {
11     for (int i=1; i<=9; i++) {
12       System.out.print(dan*i);
13       try {
14         Thread.sleep(time);
15       } catch(InterruptedException e) { }
16       System.out.print(" ");
17     }
18     System.out.println();
19   }
20 }
```

11-2 マルチスレッドプログラムの作成

スレッドを生成しコントロールする際、JavaではThreadクラスというものが用意されています。Threadクラスを使用したマルチスレッドプログラムを作成するには、「Threadクラスの継承」「Runnableインタフェースの実装」という2つの方法があります。

11-2-1 Threadクラスの継承

Threadクラスの継承には、extendsを使います。しかし、Threadクラスを継承したからといって、すぐにマルチスレッドになるわけではありません。マルチスレッドとして処理する内容をrun()メソッドに記述することで、その処理内容をマルチスレッドで実行することができるようになります。

▶ マルチスレッドの書式(1)　Threadクラス継承

```
修飾子 class クラス名  extends Thread {
    クラスの内容
    public void run( ) {
        各スレッドが行う処理
    }
    クラスの内容
}
```

マルチスレッドを扱う準備が整ったら、スレッド開始のタイミングがわかるよう、合図を送ります。この合図は、start()メソッドで行います。

▶ スレッドを開始するための書式

```
クラス名.start( );
```

このメソッドを呼び出すと、スレッドが1つ新しく生成されます。生成されたスレッドは、run()メソッドを自動的に呼び出し、動作を始めます。このrun()メソッドは、スレッド生成時に一度だけ呼び出される特別なメソッドです。

では、実例を次に示します。実行結果は、**11-1-2**と同じです。

▼ **リスト11-05**　MultiThread2.java

```
01 class MultiThread2 extends Thread {
02     int time;
03 
04     MultiThread2(String str, int t) {
05         super(str);
06         time = t;
07     }
08 
09     @Override
10     public void run() {
```

```
11          for (int i = 0; i < 5; i++) {
12              System.out.println("No. " + i + " : " +
                                        Thread.currentThread().getName());
13              try {
14                  Thread.sleep(time);
15              } catch (InterruptedException e) {}
16          }
17      }
18  }
```

解説

❖ リスト解説

04行目

スレッドの数が多くなると、スレッドの把握が困難になります。JavaVMの内部では、個々のスレッドに名前が付けられており、個別に実行・管理されています。この名前はインスタンス生成時、文字列を引数に渡すようコンストラクタで設定しておくことで、プログラマが独自に付けることもできます。

10行目

現在実行しているスレッドの名前は、**Thread.currentThread().getName()** メソッドで得ることができます。

▼ リスト11-06　MultiThreadTest2.java（動作確認）

```
01  class MultiThreadTest2 {
02    public static void main(String[] args) {
03      MultiThread2 a = new MultiThread2("A",500);
04      MultiThread2 b = new MultiThread2("¥tB",700);
05      MultiThread2 c = new MultiThread2("¥t¥tC",1100);
06
07      a.start();
08      b.start();
09      c.start();
10    }
11  }
```

11-2-2 Runnableインタフェースの実装

Javaは多重継承を行えないので、Threadクラスを継承してしまうと、他のクラスを継承できなくなってしまいます。そこで、他クラスを継承する場合の方法として、**Runnable**インタフェースが用意されています*1。Threadクラスの継承に比べ、スレッドの作成方法が少々複雑になりますが、基本的な働きは同じです。

*1　マルチスレッドは、先のExtendsとこのRunnableの、2種類の方法で実現できます。用途に応じて使い分けるようにしましょう。

▶ マルチスレッドの書式(2)　Runnableインタフェース

```
修飾子 class クラス名 impliments Runnable {
    クラスの内容
    public void run( ) {
        各スレッドが行う処理
    }
    クラスの内容
}
```

プログラムのスタイルは「extend Thread」が「impliments Runnable」になったことしか変わりません。スレッド作成の準備までの違いはほとんどありませんが、実際のスレッドを作成する手順が異なります。

Runnableインタフェースでは、作成したRunnableインタフェースを実装したクラスをThreadクラスのコンストラクタに渡し、Threadのインスタンスを生成します。そのインスタンスを実行することでマルチスレッドを実現します。

▶ スレッドインスタンスを生成するための書式

```
クラス名 オブジェクト変数名 = new インスタンス名( );
Thread Threadオブジェクト変数名 = new Thread(オブジェクト変数名);
```

```
MultiThreadExample t = new MultiThreadExample();
Thread tt = new Thread(t);
```

＊2　実行結果は**11-1-2**、**11-2-1**と同じです。

MultiThreadTest.javaではThreadクラスの継承を行っていました。これを、Runnableインタフェースの実装形式に書き換えてみましょう＊2。

▼ **リスト11-07**　MultiThread3.java

```
01 class MultiThread3 implements Runnable {   ------ Runnableインターフェイスを継承
02     int time;
03 
04     MultiThread3(int t) {
05         time = t;
06     }
07 
08     @Override
09     public void run() {
10         for (int i = 0; i < 5; i++) {
11             System.out.println("No. " + i + " : " +
12                                         Thread.currentThread().getName());
13             try {
14                 Thread.sleep(time);
15             } catch (InterruptedException e) {}
16         }
17     }
18 }
```

▼ リスト11-08　MultiThreadTest3.java（動作確認）

```
01 class MultiThreadTest3 {
02   public static void main(String[] args) {
03     MultiThread3 a = new MultiThread3(500);
04     MultiThread3 b = new MultiThread3(700);
05     MultiThread3 c = new MultiThread3(1100);
06 
07     Thread ta = new Thread(a);
08     Thread tb = new Thread(b);
09     Thread tc = new Thread(c);
10 
11     ta.setName("A");
12     tb.setName("¥tB");
13     tc.setName("¥t¥tC");
14     ta.start();
15     tb.start();
16     tc.start();
17   }
18 }
```

Threadクラスの継承ではないので、インスタンス生成時、スレッドに名前を付けることはできません。しかし**setName()**メソッドを使用することで可能になります。

例題11-2（1）

Q1　**次の文章を読み、プログラム作成のためにはThreadクラスの継承とRunnableインタフェースの実装のどちらが適しているかを答えなさい。**

1）　start()メソッドを呼び出すことでスレッドを実行する。継承するクラスは存在しない。
2）　あるクラスのサブクラスとして作成する。

11-2-3　同期

マルチスレッドでプログラムを動作させると、複数のスレッドが同じ変数を同時に変更してしまうなど、プログラムの動作に混乱が生じる場合があります。例えば銀行ならば、次の**図11-03**のように「引き出し額の2倍のお金を引き出せる」という、とんでもない状況が起こる恐れがあります。

▼ 図11-03　口座の同時参照

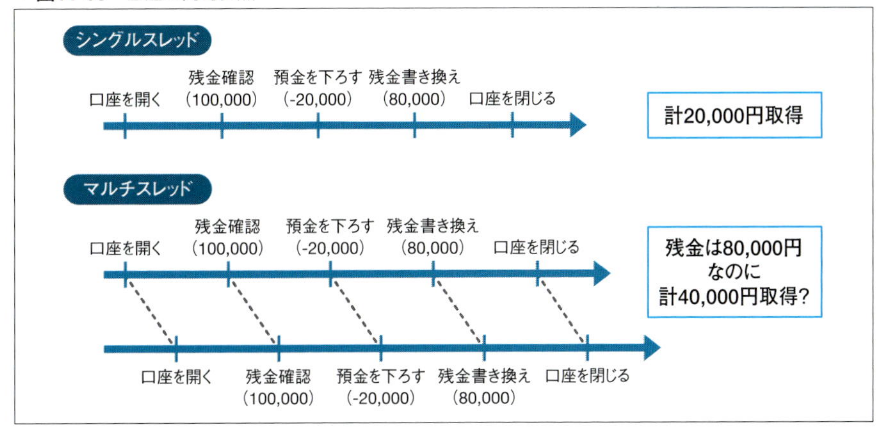

こういった事故は、同時参照を制御することで防げます。このような制御を、**同期処理**といいます。また、あるスレッドがオブジェクトを参照している間、他のスレッドがそのオブジェクトを参照できなくすることを、**ロック**といいます。オブジェクトのロックは、**synchronized**によって行い、ブロック内にはロックの必要な処理を記述します。

▶ オブジェクトロックの書式

```
synchronized(オブジェクト名) {
    処理の内容
}
```

記述例

```
synchronized (tp) {
  tp.println(time);
}
```

メソッドをロックする場合は、メソッド名の前にsyncronizedキーワードを記述します。別のスレッドがこのメソッドを実行中の場合は、他のスレッドは使用できません。

▶ メソッドロックの書式

```
synchronized 型名 メソッド名(パラメータ) {
    メソッドの内容
}
```

記述例

```
synchronized void printTime(int time) {
  while(true) {
    System.out.println(time);
  }
}
```

11-2-4 状態

マルチスレッドは、正確には複数の処理を同時に行っていないのです。

スレッドには実行準備状態と実行状態を合わせた**runnable**という状態と、実行が一時中断している**blocked**という状態があります。この2つの状態を高速に切り替えるため、さも同時に処理されているように見えるのです＊3。

＊3 1つのCPUは一度に1つの処理しか行えないので、複数のスレッドが1CPUを使用しようとすると、スレッド間でCPUの取り合いが生じます。

runnable状態はstart()メソッド、blocked状態はsleep()メソッドなどで実現します。run()メソッドが終了すると、**delete**状態になります。一度delete状態になってしまうと、そのスレッドはrunnable状態やblocked状態に戻すことはできません。

なおスレッドの状態は、次のメソッドでも変更可能です。

●一時中断(yield)

yield()メソッドは、現在実行しているスレッドの処理を中断し、runnable状態にある他のスレッドの実行を開始します。例えば1つのスレッドがコンピュータの能力を大量に消費してしまい、他のメソッドに実行のチャンスが巡ってこないときに、効果を発揮します。ただし中断後にどのメソッドが実行されるかわからず、また指定をすることもできません。

●待機(wait)

wait()メソッドは、スレッドの動作を一時待機させ、オブジェクトをロックしているスレッドをblocked状態にします。wait()メソッドでは待機時間の設定できます。設定時間が経過すると、自動的に動作を開始します(runnable状態になる)。これによって、何らかの原因で他のスレッドからの待機終了合図がないまま、永久にblocked状態になってしまうのを防げます。

●通知(notify・notifyAll)

notify()メソッドは、wait()メソッドで待機中のスレッドに動作開始の合図を送ります。blocked状態のスレッドを1つだけrunnable状態にできますが、runnable状態にするスレッドの指定はできません。

notifyAll()メソッドは、すべてのblocked状態のスレッドをrunnable状態にします。もちろん、オブジェクトをロックできるスレッドは、その中の1つだけです。notify()メソッドと同様、ロックするスレッドは指定できません。

例題11-2(2)

Q1 次の説明文に適した用語を答えなさい。

1) 同期処理を行うときに必ず必要となるキーワード
2) スレッドの動作を一時待機させるための命令
3) すべての待機中のスレッドに動作再開の合図を送るための命令

第12章

ネットワークプログラミング

他のコンピュータとデータをやり取りするには、ネットワーク通信を行う際の決まりに従わなくてはなりません。ここでは、「ネットワークとは何か」という入門知識から始め、最も規模の小さいネットワークのプログラムを作成します。

12-1 通信の仕組み

Webサイトの閲覧や電子メールのやり取りは、私たちにとって最も身近な、ネットワークを利用したコンピュータサービスといえるでしょう＊1。このネットワーク通信は、マシン1台でも可能です。これは、通信がプログラム単位で行われているため、プログラム同士で通信（情報交換）できれば良いので、マシン1台でも、立派なネットワークシステムになります。

12-1-1 アドレス

ネットワークに接続できるコンピュータ＊2には、情報の送り先をすぐ特定できるよう、それぞれ48ビットの固有番号が付けられています。この番号のことを**MACアドレス**（MAC: Media Access Control）といいます。MACアドレスは、世界に1つしかありません。しかし、コンピュータを買い換えると、当然MACアドレスも変わってしまうため、MACアドレスだけで通信するとなると、管理面で非常に効率が悪くなってしまうのです。

そのため通常は、ネットワーク構造の観点から付けた、**IPアドレス**というアドレスを使用します＊3。もちろんこのIPアドレスも、ネットワーク上で重複しない、固有のものでなければなりません。

しかしIPアドレスは数値の並びなので、覚えにくく不便です。そこで、**DNS**（Domain Name System）というデータベースを使用し、IPアドレスに1対1に対応した名前を付け、使いやすくしています。この名前＊4には、名前（文字や数字）をピリオドでつなげた、**ドメイン**というものを使用します＊5。

▼ 図12-01 アドレス

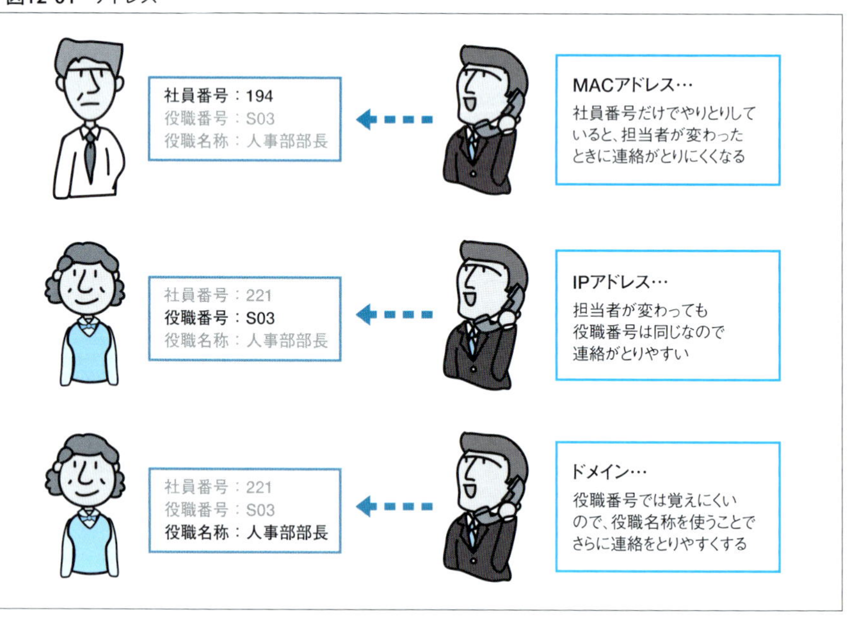

＊1　現在コンピュータを利用したサービスとして、オンラインチケット予約やネットショッピングなど、いわゆるEコマースが挙げられます。これらのサービスは1つの独立したコンピュータが提供しているのではなく、在庫管理やWebページ作成など、専門処理を担当するコンピュータが連携し合うことで、1つのサービスを形成しています。このような連携を、**ネットワーク**といいます。

＊2　正確には**ネットワークインタフェース**と表現します。

＊3　現在は**IPv4**(Internet Protocol Version 4)という規格が主流で、8ビットで表現された4つの数字をピリオドでつなげた形で表現されています。次世代規格は**IPv6**といい、情報家電の分野で注目されています。

＊4　IPアドレスにあてる名前のことを、**FQDN**（Fully Qualified Domain Name）といいます。

＊5　IPアドレスと対応づけられるので、ドメインも当然、固有のものでなければなりません。ドメインを入力すると、DNSがそれに対応したIPアドレスに変換します。

12-1-2 ポート番号とソケット

＊6 LinuxやWindowsでは、プロセスID（またはプロセス番号）という固有の番号でプロセスを管理しています。しかし外部のコンピュータからは、交信したいプロセスがどのIDになっているか知ることができません。

＊7 IPアドレスやドメイン名が部署の代表番号とすれば、ポート番号は部署内の内線番号に相当します。なお、このポート番号は1から65535の範囲内で指定します。ソケットに相当するのは、外からの電話を部署内に回す電話番といったところです。

コンピュータが特定できても、その中ではさまざまなプログラム（プロセス）が動作しています。そのうち、現在動作中のプロセスを指定した上で交信しなければ、通信することができません。

外部プロセスとの交信用プロセスは、外部からわかりやすくするため、あらかじめ番号で決めておきます＊6。この番号のことを**ポート番号**（port number）といいます＊7。

ネットワークプログラムの役割は、あくまでも外部プロセスと連絡を取り合うことです。そのため、データ送受信はできません。通信先プロセスとデータ送受信を行うには、**ソケット**（socket）という仕組みが必要になります。ソケットは、ネットワーク経由で相互入出力を行う際、ポート番号で指定された通信路に通信をつなぐ端子として機能します。

▼ 図12-02　ポート番号とソケット

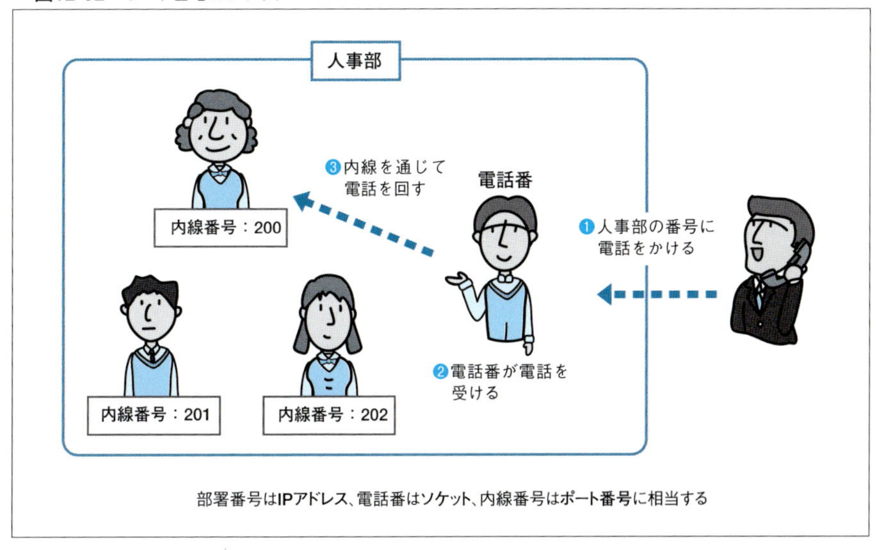

部署番号はIPアドレス、電話番はソケット、内線番号はポート番号に相当する

例題 12-1（1）

Q1　次の文章の空欄に適切な語句を入れなさい。

コンピュータはネットワーク上の他のコンピュータと区別するため、それぞれに［　①　］ビットの固有の番号が付けられている。この番号を［　②　］アドレスという。また、システムの追加や更新によってコンピュータが変わっても正常にシステムを動作させるために用意されたアドレスを［　③　］アドレスと呼ぶ。このアドレスを人間が覚えやすい名前に対応させるためのデータベースが［　④　］である。プロセス間で通信を行うためには、さらに［　⑤　］番号の指定が必要となる。この番号は［　⑥　］から65535の範囲で指定することができる。

12-1-3 クライアント・サーバモデル

例えばWebページの参照は、PCやスマートフォンなどのサービスを受ける側が、「Webページを送信してください」という要求（リクエスト）をWebページを提供する側であるWebサーバに送り、Webサーバがその要求に応え（レスポンス）て「Webページの内容」を送信して、PCやスマートフォンでそれを受け取ることで実現されています。このように、要求を送りその結果を受け取る側（クライアント）と、要求を受け取って処理結果を返す側（サーバ）で役割分担されたプログラム間通信のことを、クライアント・サーバモデル（client server model）といいます＊8。

要求を行うには、サーバと、サーバで動いているプログラムの両方を指定します。サーバの指定にはドメイン名とIPアドレス、プログラムの指定にはポート番号が必要です。サーバは、クライアントの要求を待ち続けます＊9。

＊8 現在のネットワークプログラミングは、このクライアント・サーバモデルが主流です。しかし近年は、明確な役割分担をせず、クライアントとサーバの役割を交互にこなすPeer to Peer（P2P）という通信形態も普及しつつあります。

＊9 この関係は、客と店の関係に当てはめることができます。店（サーバ）は開店（プログラムの起動）後、客（クライアント）の来店を待ち、来店したら注文（クライアントからの要求）を聴いて、注文の品を客に出します（処理結果を返す）。

▼ 図12-03　ホスト名とポート番号

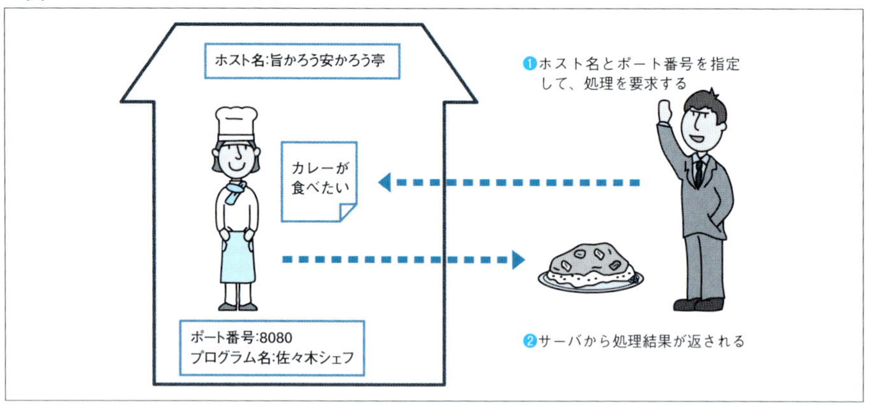

プログラム作成前に、まずは接続するサーバのホスト名を確認し、ポート番号を決めておきます。本書では次の設定にしていますが、値は任意です。

ホスト名	localhost（IPアドレスは127.0.0.1）
ポート番号	49152

ホスト名（host name）とは、サーバコンピュータのドメイン名のことです。ここで設定されている「localhost」は、自分のコンピュータを示す名前です。つまりこの場合は、「1台のコンピュータ内で通信を行っている」ことがわかります。

例題12-1（2）

Q1　次の文章の空欄に適切な語句を入れなさい。

要求を送りその結果を受け取る側と、要求を受け取り処理結果を返す側の2つに役割を分担されたモデルを［ ① ］と呼ぶ。このモデルでは要求を受け取る側の［ ② ］用のプログラムと、要求を受け取る側の［ ③ ］用のプログラムが必要になる。1台のコンピュータで［ ① ］を実現する場合、［ ③ ］のホスト名を［ ④ ］として指定する。

12-2 クライアントの作成

最初に、ユーザが直接操作するクライアントプログラムの作成を行います。クライアントプログラムが行わなければならない処理は、最低限次の2つです。

- ソケットの作成
- ソケットからの入出力ストリームの作成

12-2-1 クライアントソケットの作成

クライアント側のソケットの作成は、java.netパッケージの、**Socket**クラスを使用します＊1。

▶ クライアントソケットの作成（ホスト名指定）

```
Socket(ホスト名, ポート番号)
```

記述例

```
Socket soc = new Socket("localhost", 49152);
```

＊1 java.netパッケージは、ネットワークに関するさまざまなクラスをまとめたパッケージです。本章で扱うすべてのプログラムで使用します。

引数には対象となるサーバ側の設定を渡します。この記述例では、クライアントソケットsocを作成しています。通信先は、localhostのポート49152番のプロセスです。なお、localhostのIPアドレスは**127.0.0.1**と決まっているので、直接IPアドレスを指定することも可能です。

▶ クライアントソケットの作成（IPアドレス指定）

```
Socket(ホストのIPアドレス, ポート番号)
```

記述例

```
Socket soc = new Socket("127.0.0.1", 49152);
```

なお、ソケットの実行時は、ホスト名やポート番号の間違いやサーバマシンのダウンなどによって、次の例外が発生する可能性があります＊2。

＊2 UnknownHostExceptionはIOExceptionのサブクラスなので、IOExceptionを先にキャッチしてしまうと、キャッチされなくなります。

例外名	発生条件
UnknownHostException	ホストのIPアドレスが判定できなかった
IOException	なんらかの入出力例外が生じた

例題12-2（1）

Q1 次に示すソケットを作成するための文をそれぞれ答えなさい。

1） ホスト名がjava.gihyo.co.jpのマシンのポート1000番のソケットのインスタンスsoc1を作成する。
2） IPアドレスが123.123.123.123のマシンのポート1234番のソケットのインスタンスsoc2を作成する。

12-2-2 ソケットからのデータ読み込み

ソケットによってサーバと通信ができるようになったら、サーバからのデータを受け取る(受信)ようにしましょう。データの入力は**第10章**で学習したように、Scannerクラスを使用しました。

10-1-3では、キーボードからの入力を対象にしていたために、System.inを指定しましたが、今回はソケット経由で入力装置(入力ストリーム)を取得しなければなりません。それには、ソケットの**getInputStream()**メソッドを使用します。

▶ サーバの入力ストリームの取得

```
ソケット.getInputStream( )
```

```
soc.getInputStream();
```

これを**Scanner**クラスの入力とするので、サーバからのデータの受け取り準備として以下のように記述します。

▶ サーバからのデータの受け取りの準備

```
Scanner(ソケット.getInputStream( ))
```

```
Scanner sc = new Scanner(soc.getInputStream());
```

また、通信を切断する際は、**close()**メソッドでソケットを閉じます。

▶ 通信の切断

```
ソケット.close( )
```

```
soc.close();
```

12-2-3 クライアントプログラムの作成

次の**リスト12-01**は、サーバに接続し、サーバから送信されたデータを表示します。サーバからデータを受け取るだけでは、クライアントをいつ終了させるべきか分かりません。そこでサーバから「bye!」というメッセージを受信したとき、プログラムが終了することにします*3。

*3 このプログラム単体では動作しません。**リスト12-2**と併せて動作を確認してください。

▼ リスト12-01　SimpleClient.java

```
01 import java.net.Socket;
02 import java.net.UnknownHostException;
03 import java.io.IOException;
04 import java.util.Scanner;
05
06 class SimpleClient {
07   public static void main(String[] args) {
08     try (Socket soc = new Socket("localhost", 49152);) {
09       Scanner sc = new Scanner(soc.getInputStream());
10
11       while (sc.hasNext()) {
12         String message = sc.nextLine();
13         System.out.println("Server: " + message);
14         if (message.equals("bye!")) {
15           break;
16         }
17       }
18     } catch (UnknownHostException e) {
19       System.err.println("ホストのIPアドレスが判定できません: " + e);
20     } catch (IOException e) {
21       System.err.println("エラーが発生しました: " + e);
22     }
23   }
24 }
```

解説

❖ リスト解説

08行目, **09行目**

サーバプログラムに接続するためのソケットの作成と、ソケットからデータを取得するためにScannerクラスのインスタンスを作成しています。サーバに失敗したり、ソケットからデータを取得できない場合が考えられるので、例外処理でUnknownHostExceptionとIOExceptionの例外処理を18～22行目に記述しています。System.errは標準エラー出力ストリームで、エラーを出力するための装置を指しています。一般にPCではSystem.outと同じく、ディスプレイが割り当てられています。

11行目～**17行目**

サーバから送られたデータを、**nextLine()**メソッドで1行ずつ取り出し、コンソールに出力をしています。このデータが「bye!」であれば、whileループからbreak文で抜け出します。

例題 12-2 (2)

Q1　ソケットの作成で発生する可能性のある例外を2つあげなさい。

12-3 サーバの作成

次に、クライアントが出す要求を受け付けるサーバプログラムを作成します。サーバプログラムで行わなければならない処理は次の3つです。

- サーバソケットの作成
- クライアントとの接続
- クライアントへの出力

12-3-1 サーバソケットの作成

サーバ側のソケットの作成には、クライアントプログラムで使用したSocketクラスではなく、ServerSocketクラスを使用します。サーバプログラムはサービスを要求される側なので、引数にホスト名を渡す必要はありません。

▶ サーバソケットの作成

```
ServerSocket(ポート番号)
```

記述例

```
ServerSocket server = new ServerSocket(49152);
```

ServerSocketクラスでも、ソケットの作成に失敗するとSocketクラスと同様、IOExceptionが発生するので、例外処理が必要です。

例題12-3(1)

Q1 クライアントプログラムからの接続をポート番号1234番で受け取るサーバソケットを作成しなさい。ただし、インスタンス名はsSocketとします。

12-3-2 クライアントとの接続

実際に通信を開始するためには、クライアントの接続要求を受け付けるaccept()メソッドが必要です。accept()メソッドは、クライアントから要求を受け付けるまで待機し、要求を受け付けると、そのクライアントと通信をするための新しいソケットを返します。

▶ クライアントとの接続

```
サーバソケット.accept( )
```

記述例

```
Socket client = server.accept();
```

この記述例では、サーバソケットが接続要求を受け付けたソケットを、clientと名付けています。

これで、サーバとクライアントが1対1で通信できるようになりました。以降、サーバがクライアントに対して処理を行うときは、このソケットをもとに行います。

12-3-3 クライアントへの出力

クライアントに何らかの処理結果を返す場合、サーバはソケットを通じて、出力ストリームに処理結果を出力します。

クライアントに送信するデータは、print()やprintln()メソッドで出力できます。しかしこれらのメソッドを使っても、一時的に出力バッファに格納されてしまい、すぐには出力されません。

そこで、バッファの全データを強制的に出力させる、**フラッシュ**という作業が必要になります。出力ストリームの獲得とフラッシュの設定は、**PrintWriter**クラスで行います。

▶ **PrintWriterの作成**

```
PrintWriter(出力ストリーム, フラッシュの設定)
```

```
PrintWriter out = new PrintWriter(client.getOutputStream(), true);
```

出力ストリームは、接続要求を受け付けたソケットの**getOutputStream()**メソッドで取得できます。またフラッシュの設定をtrueに設定しておくと、println()メソッドの実行時、自動的にフラッシュが実行されます。

フラッシュは**flash()**メソッドで明示的に実行することもできますが、PrintWriter作成時に設定しておくと、flash()メソッドを実行する必要がなくなります*1。

*1 フラッシュの設定は、trueがオン、falseがオフです。

例題12-3(2)

Q1 次の各文章が示すメソッドを答えなさい。

1) ソケットを閉じる
2) OutputStreamの取得
3) 接続要求の受付

第12章 ネットワークプログラミング

12-3-4 サーバプログラムの作成

では、いよいよサーバプログラムを作成することにします。ただクライアントと接続するだけでは、実際に通信が行われていることがわかりません。そこで、クライアントにメッセージと日付を送信する機能をサーバに持たせることにします。

▼ リスト12-02　SimpleServer.java

```
01 import java.net.ServerSocket;
02 import java.net.Socket;
03 import java.io.PrintWriter;
04 import java.io.IOException;
05
06 class SimpleServer {
07     public static void main(String[] args) {
08         try {
09             ServerSocket server = new ServerSocket(49152);
10             Socket client = server.accept();
11             PrintWriter out = new PrintWriter(client.getOutputStream(), true);
12             out.println("Hello, client!");
13             out.println("Good bye!");
14             client.close();
15         } catch (IOException e) {
16             System.err.println("エラーが発生しました: " + e);
17         }
18     }
19 }
```

クライアントに送るメッセージ

❖ リスト解説

09行目, 10行目

ポート番号49152でServerSocketを作成し、accept()メソッドでクライアントの接続を行っています。

11行目

クライアントの出力ストリームを取得し、サーバからデータを出力するためのPrintWirterクラスのインスタンスoutを作成しています。outのprintln()メソッドやprint()メソッドを呼び出すことで、クライアントでデータを出力させることができます。

12行目, 13行目

クライアントにメッセージを送っています。

14行目

クライアントとの接続を絶ちます。

15行目～17行目

サーバソケットの作成やaccept()メソッド、PrintWriterのインスタンス作成でIOExceptionが発生する可能性があるので、例外処理を行っています。

12-3-5 プログラムの実行

＊2 Linuxマシンの場合は端末エミュレータ等を2つ起動させます。

両プログラムのコンパイル後、コマンドプロンプトを2つ起動させましょう＊2。クライアント・サーバモデルのプログラムを実行するには、クライアントプログラムとサーバプログラムを別々に動作させなければなりません＊3。そのどちらか一方で、まずサーバプログラムを実行します。

```
java SimpleServer
```

実行結果

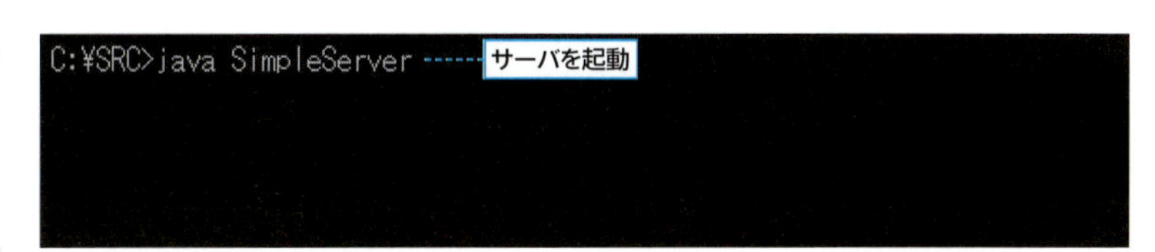

＊3 本来は別々のマシンで動かすべきですが、本書では最小構成のネットワークプログラミングについて解説しているので、1台のコンピュータで2つのプログラムを実行します。

SimpleServerはaccept()メソッドでクライアントからの接続を待ち続けています。しばらく様子を見て、プログラムが終了しないことを確認します。

続いて、SimpleServerを動かしたのとは別のコマンドプロンプトを起動させ、そこでクライアントプログラムを実行します。

```
java SimpleClient
```

実行結果

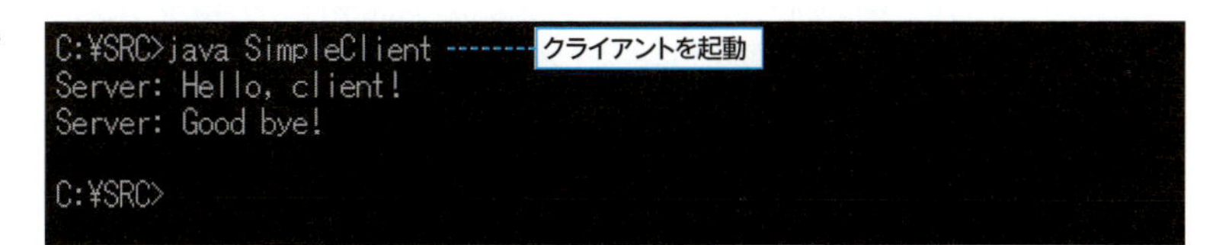

成功すると、サーバからのメッセージと日付が表示されて、クライアントプログラムが終了します。実行が確認ができたら、先に動かしたサーバを見てみましょう。通信切断プログラムの作動により、サーバプログラムも終了します。

■実行時の注意点

ここで紹介しているクライアント・サーバモデルのプログラムを実行する際，下記のような問題がでる場合があります。

●ポートが既に使用されている場合

実行環境によっては指定したポート番号が既に使用されていて、次のエラーが出る可能性があります。

```
エラーが発生しました: java.net.BindException: Address already in use: JVM_Bind
```

この場合は、SimpleServer.javaとSimpleClient.javaのポート番号を他の番号（4959など）に変更して実行してみてください。

●ファイアウォール機能が働いている場合

Windows 7などのファイアウォール機能によって通信がブロックされる場合があります。次のような画面が表示された場合は、「アクセスを許可する」をクリックして通信を行えるようにしてください。

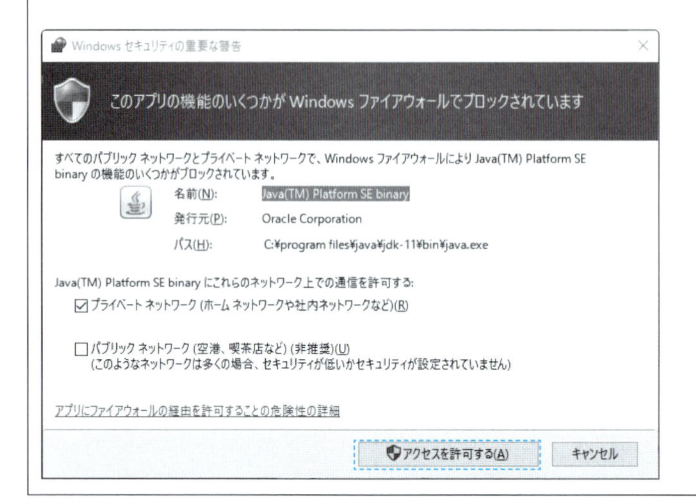

例題12-3(3)

Q1 サンプルプログラムSimpleServer.javaでは、クライアントとのソケットは次のように記述し、new演算子によるインスタンス作成を行っていません。なぜインスタンスを作成せずにこのプログラムは動作するのかを答えなさい。

```
Socket client = server.accept();
```

12-4 プログラムの改良

これまで作成したクライアントプログラムは、サーバからの情報を受け取るだけの単純なものでした。今度はクライアントからデータを送信してサーバに処理させ、その処理結果をサーバから受け取らせるようにしましょう。

12-4-1 クライアントプログラムの改良

サーバにデータを送信するには、**リスト12-01**のクライアントプログラムにデータ送信機能を付けなければなりません。つまり、今度はクライアントにも出力ストリームを作成することになります。また、サーバへの出力以外に、キーボードから文字を入力できるようにもします。

▼ **リスト12-03** UpperCaseClient.java

```
01 import java.net.Socket;
02 import java.net.UnknownHostException;
03 import java.io.IOException;
04 import java.io.PrintWriter;
05 import java.util.Scanner;
06
07 class UpperCaseClient {
08     public static void main(String[] args) {
09         try {
10             Socket soc = new Socket("localhost", 49152);
11             Scanner sc = new Scanner(soc.getInputStream());
12             Scanner in = new Scanner(System.in);
13             PrintWriter out = new PrintWriter(soc.getOutputStream(), true);
14
15             while (sc.hasNext()) {
16                 String message = sc.nextLine();
17                 System.out.println("Server: " + message);
18                 if (message.equals("Good bye!")) {
19                     break;
20                 }
21                 message = in.nextLine();
22                 out.println(message);
23             }
24             soc.close();
25         } catch (UnknownHostException e) {
26             System.err.println("ホストのIPアドレスが判定できません: " + e);
27         } catch (IOException e) {
28             System.err.println("エラーが発生しました: " + e);
29         }
30     }
31 }
```

❖ リスト解説

12行目

System.in（標準入力）からデータを入力するようScannerクラスのインスタンスinを作成します。

13行目

サーバの出力ストリームを取得し、PrintWriterクラスのインスタンスoutを作成します。サーバへのデータ送信はこのoutを使って行います。

15行目～23行目

whileで繰り返し処理を行い、サーバからのメッセージを1行ごとに取得する（16行目）とともに、キーボードから入力されたデータを1行ずつサーバに出力します（22行目）。なお、サーバから「Good bye!」のメッセージが届いたときにこのループを抜けます。

12-4-2 サーバプログラムの改良

まずは、クライアントからデータを読み込めるようにしましょう。この作業も、クライアントプログラムで行ったのと同じことを、サーバで行えば良いのです。

では、実際にサーバのプログラムを作成してみましょう。

▼ リスト12-04　UpperCaseServer.java（サーバ動作確認）

```
01 import java.net.ServerSocket;
02 import java.net.Socket;
03 import java.io.PrintWriter;
04 import java.util.Scanner;
05 import java.io.IOException;
06 
07 class UpperCaseServer {
08     public static void main(String[] args) {
09         try (
10           ServerSocket server = new ServerSocket(49152);
11           Socket client = server.accept();
12           PrintWriter out = new PrintWriter(client.getOutputStream(), true);
13           Scanner sc = new Scanner(client.getInputStream());
14         ) {
15           out.println("Hello, client! Enter 'bye' to exit.");
16           while (sc.hasNextLine()) {
17               String message = sc.nextLine();
18               System.out.println("message = " + message);
19               if (message.equals("bye")) {
20                   break;
21               }
22               out.println(message.toUpperCase());
23           }
24           out.println("Good bye!");
25           client.close();
26         } catch (IOException e) {
27             System.err.println("エラーが発生しました: " + e);
28         }
29     }
30 }
```

❖ リスト解説

13行目

サーバからデータを受け取るために、Scannerクラスのインスタンスをクライアントの入力ストリームを使って作成しています。

17行目

nextLine()メソッドで、クライアントからの入力を1行ずつ読み込んでいます。

22行目

クライアントから取得した文字列のデータをtoUpperCase()メソッドを使って大文字に変換し、クライアントに送信しています。

12-4-3 改良プログラムの実行

このプログラムでは、クライアントから受け取ったデータを、サーバが大文字に変換して送り返します。改良したプログラムを実行するには、**12-3**のときと同様、まずサーバから起動してください。

実行結果

```
C:¥SRC>java UpperCaseServer
```

サーバを起動

```
C:¥SRC>java UpperCaseClient
Server: Hello, client! Enter 'bye' to exit.
aaa
Server: AAA
bbb
Server: BBB
bye
Server: Good bye!

C:¥SRC>
```

クライアントを起動

クライアントから入力

例題 12-4（1）

Q1 「Aを入力したらB、Bを入力したらC･･･Zを入力したらA」というように、入力したデータが英字であれば、1文字ずらして暗号文を作成するサーバプログラムと、それを利用するクライアントプログラム（UpperCaseClientで代用）を作成しました。

これらのプログラムが正しく動作するよう、プログラムの空欄に適切な語句を入れなさい。

```
01 import java.net. [ ① ] ;
02 import java.net.Socket;
03 import java.io.PrintWriter;
04 import java.util.Scanner;
05 import java.io.IOException;
06 
07 class EncodeServer {
08   public static void main(String[] args) {
09     try {
10       ServerSocket server = new ServerSocket(49152);
11 
12       Socket client = server. [ ② ] ;
13       PrintWriter out = new PrintWriter(client.getOutputStream(), true);
14       Scanner sc = new Scanner(client.getInputStream());
15 
16       out.println("Hello, client! Enter 'bye' to exit.");
17 
18       String message;
19       while (sc.hasNextLine()) {
20         message = sc.nextLine();
21         System.out.println("message = " + message);
22         if (message.equals("bye")) {
23           break;
24         }
25         String s = "";
26         for (int i = 0; i < message.length(); i++) {
27           char c = message.charAt(i);
28             if ((((c >= 'A') && (c <= 'Z')) || ((c >= 'a') && (c <= 'z'))) {
29               [ ③ ] (c) {
30                 case 'z' : c = 'a';
31                    break;
32                 case 'Z' : c = 'A';
33                    break;
34                 default : c++;
35               }
36             }
37           s += c;
38         }
39         out.println( [ ④ ] );
40       }
41       out.println("Good bye!");
42       client. [ ⑤ ] ;
43     } catch ( [ ⑥ ] e) {
44       System.err.println("エラーが発生しました: " + e);
45     }
46   }
47 }
```

12-5 複数のクライアントへの対応

クライアントを「客」、サーバを「店」と考えると、**12-4**のプログラムは、客が1人出入りするたびに店を開閉することになります。これでは商売になりません。そこで、複数のクライアントから要求が来ても、同時に受け付けられるサーバプログラムを作成します。

12-5-1 サーバプログラムの作成

同時に複数の処理を行うには、スレッドの機能を使用します。accept()メソッドでクライアントからの接続要求を受け付けるたびにスレッドを生成し、スレッド単位で通信を行うようにします*1。

＊1 **リスト12-04**のサーバプログラムはスレッド対応に書き換える必要がありますが、**リスト12-03**のクライアントプログラムはそのまま利用できます。

リスト12-05のサーバプログラムは、UpperCaseThreadServerクラスと、Threadクラスを継承したUpperCaseHandlerクラスで構成されています。

● UpperCaseThreadServerクラス・・・

クライアントから新しい接続を受け付けると、その接続を元にUpperCaseHandlerクラスを生成し、個々のスレッドに処理を任せます。

● UpperCaseHandlerクラス・・・

スレッドであるため、処理の大部分がrun()メソッドに記述されます。

▼ **リスト12-05** UpperCaseThreadServer.java (サーバ動作確認)

```
01 import java.net.ServerSocket;
02 import java.net.Socket;
03 import java.io.PrintWriter;
04 import java.util.Scanner;
05 import java.io.IOException;
06
07 class UpperCaseHandler extends Thread {
08     Socket client;
09     int number;
10
11     public UpperCaseHandler(Socket s, int n) {
12         client = s;
13         number = n;
14     }
15
16     public void run() {
17         try (
18           PrintWriter out = new PrintWriter(client.getOutputStream(), true);
19           Scanner sc = new Scanner(client.getInputStream());
20         ) {
21           out.println("Hello, client No. " + number + "! Enter bye to exit.");
22           while (sc.hasNextLine()) {
23             String message = sc.nextLine();
24             System.out.println("(clinet No. " + number + "):" + message);
25             if (message.equals("bye")) {
26                 break;
27             }
```

```
28             out.println(message.toUpperCase());
29           }
30           out.println("Good bye!");
31           client.close();
32         } catch (Exception e) {
33           System.err.println("エラーが発生しました" + e);
34         }
35     }
36 }
37 
38 class UpperCaseThreadServer {
39     public static void main(String[] args) {
40       int n = 1;
41       try (ServerSocket server = new ServerSocket(49152);) {
42         while (true) {
43           Socket client = server.accept();
44           System.out.println("accept client No. " + n);
45           new UpperCaseHandler(client, n).start();
46           n++;
47         }
48       }catch (IOException e) {
49         System.err.println("エラーが発生しました: " + e);
50       }
51     }
52 }
```

まずは、main()メソッドのあるUpperCaseThreadServerクラス(39〜56行目)から解説します。

❖ リスト解説(UpperCaseThreadServerクラス)

40行目

int型変数nは接続したクライアントに番号を付けるためのものです。42行目からのwhile文で、クライアントからの接続を受け付けるごとに、1ずつ増加していきます。

42行目〜47行目

クライアントからの接続がいつ行われるのか分からないので、while(true)によって無限ループを作って接続を待っています。

45行目

クライアントの接続があったときに、クライアントの番号を引数としてスレッドを生成します。このスレッドはstart()メソッドで動き出します。

次に、実際のサーバ処理を行っているUpperCaseHandlerクラス(7〜36行目)を見てみましょう。

❖ リスト解説(UpperCaseHandlerクラス)

08行目, 09行目

ソケット用とクライアントを区別するための変数を宣言しています。

11行目～14行目

UpperCaseHandlerクラスのコンストラクタです。ソケットとクライアントの番号を引数とします。

16行目～36行目

スレッドでの処理の本体になります。UpperCaseThreadServerクラスのstart()メソッドの実行によって処理が開始されます。

18行目

クライアントにメッセージを送るためのPrintWriterクラスのインスタンスを作成します。

19行目

クライアントからメッセージを受け取るためのScannerクラスのインスタンスを作成します。

22行目～29行目

クライアントからメッセージが送られている間繰り返し処理を行います。クライアントからbyeのメッセージが届くと26行目のbreak文でwhlieループを抜け出します。

31行目

クライアントとの接続を断ちます。

このように、スレッドごとに動作させるので、個々のクライアントがどのように動いているかをサーバで監視したり、接続するクライアントの数ごとにサーバの動きを記述する必要は全くありません。単に接続ごとにスレッドを生成して実行させれば、複数クライアントとの通信が可能です。

12-5-2 プログラムの実行

接続を確認するため、コマンドプロンプトを3つ以上起動させます＊2。コンパイル後、そのうちの1つでサーバ(UpperCaseThreadServer)を起動します。そして、残りの2つそれぞれで、クライアント(UpperCaseClient)を起動させてください。

2つのクライアントのうち、片方が「client No.1」、もう片方が「client No.2」になっていることを確認しましょう。2つのクライアントを切り替えながら文字を入力してください＊3。

＊2 Linuxであれば端末エミュレータ等を起動してください。

＊3 「bye」でクライアントの停止後、サーバの処理を停止させるには、Ctrl＋Cを押してください。

実行結果

```
C:¥SRC>java UpperCaseThreadServer ------サーバを起動
accept client No. 1
accept client No. 2
(clinet No. 1):aaa
(clinet No. 2):bbb
(clinet No. 1):ccc
(clinet No. 2):ddd
(clinet No. 1):bye
(clinet No. 2):bye
```

```
C:¥SRC>java UpperCaseClient ------クライアント1を起動
Server: Hello, client No. 1! Enter bye to exit.
aaa
Server: AAA
ccc
Server: CCC
bye
Server: Good bye!

C:¥SRC>
```

```
C:¥SRC>java UpperCaseClient ------クライアント2を起動
Server: Hello, client No. 2! Enter bye to exit.
bbb
Server: BBB
ddd
Server: DDD
bye
Server: Good bye!

C:¥SRC>
```

例題 12-5(1)

Q1 例題12-4で作成した暗号化サーバをもとに、複数クライアントに対応したサーバEncodeThreadServer.javaを作成しなさい。

第13章

GUIとイベント処理

これまでのプログラムは、入力はキーボードやファイルから行い、実行結果をすべてテキストで出力してきました。本章では、マウスをつかってボタンをクリックするなど、GUI (Graphical User Interface) を利用したプログラム作成の基本を学びます。また、線を描いたりするための方法について説明し、最終的には簡単なゲームの作成を行います。

13-1 GUIの作成

プログラムの種類は、これまでのようにコマンド方式で動作を確認できるものと、ウィンドウやボタン、スクロールバーといったグラフィック方式で動作を確認できるものの2種類があります。このとき、前者を**CUI**（Character User Interface）、後者を**GUI**（Graphical User Interface）といいます。

13-1-1 Swingによるフレームの作成

Javaには、GUIを作成するためのツールキットとして、AWT（Abstract Window Toolkit）と、それを拡張したSwing、Androidアプリケーション開発等に利用されるJavaFXが用意されています。本書では、Swingを中心としてGUIプログラミングを行っていきます。
GUIプログラミングの基本的な作成手順は、次の図のとおりです。

▼ 図13-01　GUIの作成

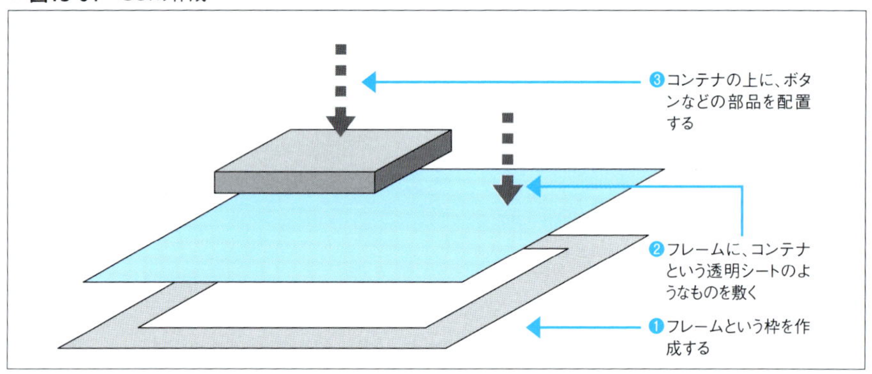
❸コンテナの上に、ボタンなどの部品を配置する
❷フレームに、コンテナという透明シートのようなものを敷く
❶フレームという枠を作成する

まずは、出力を行う先となるフレームを、JFrameというクラスを利用して作成します。

▼ リスト13-01　JFrameTest.java

```
01 import javax.swing.JFrame;
02 
03 class JFrameTest extends JFrame {
04   public static void main(String[] args) {
05     JFrame f = new JFrame();    フレームの作成
06     f.setSize(300,200);    フレームサイズの設定
07     f.setVisible(true);    フレームの開示
08   }
09 }
```

実行結果

❖ リスト解説

05行目

JFrameクラスのインスタンスfを作成します。

06行目

setSize()メソッドでフレームの大きさを指定します。2つの引数を取りますが、最初の値は横方向、次の値は縦方向の長さになるので、ここでは横方向に300ピクセル、縦方向に200ピクセルのフレームと指定しています

ここまでは準備なので、ウィンドウは画面に表示されません。フレームの**setVisible()**メソッドを実行して初めて、ウィンドウが実際に表示されます。

リスト13-01はGUIを作成する上で最も基本となるプログラムですが、画面を閉じても、Ctrl＋Cを押して強制終了しないとプログラムが終了しません。そこで、ウィンドウを閉じたときの処理を、**setDefaultCloseOperation()**メソッドで設定します。このメソッドで設定できる処理は、次の4つです＊1。

＊1　いずれもJFrameクラスに属する定数です。

▼ **表13-01**　閉ウィンドウ処理の設定

設定値	意味
DO_NOTHING_ON_CLOSE	何もしない
HIDE_ON_CLOSE	フレームを隠す
DISPOSE_ON_CLOSE	フレームを隠して破棄する
EXIT_ON_CLOSE	アプリケーションを終了する

では、**リスト13-01**に処理を追加し、ウィンドウを閉じるとプログラムも終了させるようにします。

▼ **リスト13-02**　JFrameTest2.java

```
10 import javax.swing.JFrame;
11
12 class JFrameTest2 extends JFrame {
13   public static void main(String[] args) {
14     JFrame f = new JFrame();
15     f.setDefaultCloseOperation(JFrame.EXIT_ON_CLOSE);
16     f.setSize(300,200);
17     f.setVisible(true);
18   }
19 }
```

実行結果

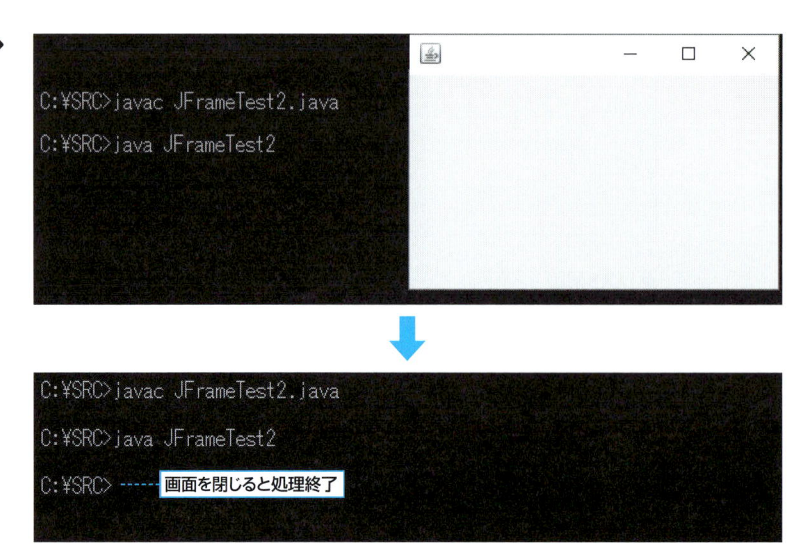

例題 13-1 (1)

Q1 横が400ドット、縦が300ドットのフレームを表示するプログラムを作成しました。空欄に適切な語句を入れなさい。

```
01 import javax. [ ① ] .JFrame;
02 
03 class JFrameTest extends JFrame {
04   public static void main(String[] args) {
05     [ ② ]  f = new [ ② ] ();
06     f. [ ③ ] ;
07     f.setVisible(true);
08   }
09 }
```

Q2 Q1で作成したプログラムを、ウィンドウが閉じられたときにプログラムが終了するよう書き直しなさい。

13-1-2 コンポーネントとコンテナ

GUIの構成要素である部品のことを、Javaではコンポーネントといいます。コンポーネントをいくつも用意したり重ね合わせ、コンテナという場所に置くことで1つのGUIを作り上げていきます＊2。

＊2 Swingは、GUIの部品をまとめたコンポーネント群であるといえます。

では、「コンポーネント」と「コンテナ」という用語について、ここで一通り整理しておきましょう。GUIを使うプログラムを作成する上で、必ず覚えておく必要があります。

●コンポーネント(Component)

GUIを作成する時によく使用される部分を部品として抽出し、簡単に使えるようにしたものを、コンポーネントといいます。機能拡張や仕様変更が生じても、GUIのプログラムすべてを変更する必要がなく、該当するコンポーネントの追加・修正だけで済みます。

Swingで用意されている主要コンポーネントを次に示します。

▼ 表13-02 Swingの主要コンポーネント

コンポーネント名	意味
JButton	ボタン
JCheckbox	チェックボックス
JDialog	ダイアログウィンドウ
JFileChooser	ファイルダイアログウィンドウ
JFrame	ウィンドウのベース
JList	リスト表示
JScrollbar	スクロールバー
JTextArea	テキスト表示（1行）
JTextField	テキスト表示（複数行）

●コンテナ(Container)

コンテナは、フレームから切り取った、コンテンツとなり得る領域（contentPane）をもとに作成します。コンテンツ領域は、フレームからgetContentPane()メソッドで抽出します。

大まかに言えば「ボタンなどの部品を配置するための場所」ですが、コンテナは実は、コンポーネントを複数まとめたものです。こうしておくと、コンテナ自体を1つの部品（コンポーネント）として扱えます。また、コンテナの中にコンテナを入れ子にすることも可能なので、階層的にも扱えます＊3。

＊3 コンテナを作成する際は、パネル（JPanel）が頻繁に用いられます。パネルは、コンポーネントをまとめるための汎用的なコンテナです。

では**リスト13-02**で作成したフレームに、JButtonコンポーネントを使ってボタンを配置しましょう。ボタンは直接フレームに配置できません。そこでフレーム上にコンテナを作成し、そこにボタンを配置するようにします。

ボタンはJButtonオブジェクト（コンポーネント）を作成し、add()メソッドでフレーム上のコンテナに貼り付けます。ボタンコンポーネントの作成書式は、次のとおりです。

▶ ボタンコンポーネントの作成

```
変数名 = new JButton(ボタンに表示させるラベル);
```

記述例

```
JButton btn = new JButton("Click Here!");
```

次の**リスト13-03**では、getContentPane()メソッドでフレームfの値を取得し、そこにコンテナcを作成しています。Containerクラスはjava.awtパッケージに含まれているクラスの1つなので、**2行目**でインポートしています。

▼ リスト13-03　ButtonTest.java

```
01 import javax.swing.JFrame;
02 import java.awt.Container;
03 import javax.swing.JButton;
04 
05 class ButtonTest extends JFrame {
06   public static void main(String[] args) {
07     JFrame f = new JFrame();
08     f.setDefaultCloseOperation(JFrame.EXIT_ON_CLOSE);
09     f.setSize(200,100);
10 
11     Container c = f.getContentPane();     コンテナc作成
12     JButton b1 = new JButton("Push!");
13     JButton b2 = new JButton("me");
14     JButton b3 = new JButton("Please.");
15     c.add(b1);
16     c.add(b2);     コンテナcにボタンを追加
17     c.add(b3);
18 
19     f.setVisible(true);
20   }
21 }
```

実行結果

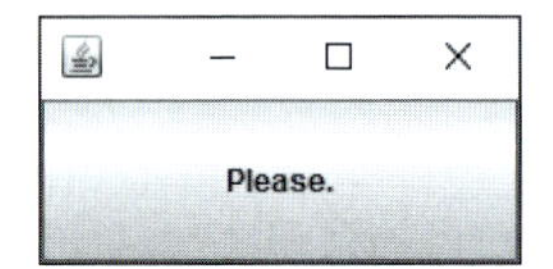

このプログラムを実行させても、表示されるのは最後の1つだけです。しかし、これはプログラムのミスが原因ではありません。最初のボタン2つが、最後のボタンの下に重なっているのです。これは次項で述べる、レイアウトが原因です。

13-1-3 レイアウトマネージャ

コンテナにコンポーネントを追加する際、どう配置するかを決めるのが、レイアウトマネージャです。**リスト13-03**で最後のボタンしか表示されなかったのは、レイアウト形式が初期設定のままだったからです＊4。レイアウト形式を改める前に、Swingで使用できる7種類のレイアウトマネージャを紹介します。

＊4　具体的には、後述するBorderLayoutというレイアウト方式が初期設定となっています。

- **FlowLayout** (java.awt.FlowLayout)
- **GridLayout** (java.awt.GridLayout)
- **BorderLayout** (java.awt.BorderLayout)
- **CardLayout** (java.awt.CardLayout)
- **GridBagLayout** (java.awt.GridBagLayout)
- **BoxLayout** (javax.swing.BoxLayout)
- **OverlayLayout** (javax.swing.OverlayLayout)

これらは、setLayout()メソッドによって設定します。

▶ レイアウトマネージャ設定の基本スタイル

```
setLayout(new レイアウトマネージャのコンストラクタ名(配置設定));
```

```
testContainer.setLayout(new FlowLayout());
```

■FlowLayout

FlowLayoutは、addされた順にコンポーネントを左から右へ配置します。入りきらない場合は1行下へ移動します＊5。

＊5 ウィンドウ（フレーム）の表示幅が同じでも、コンポーネントの大きさによって表示される数が変化します。これを例えるなら、パネルというプールに、コンポーネントという浮き輪が浮いているようなものです。プールの大きさ、あるいは浮き輪の大きさによって、表示される順番は同じでも、表示位置は異なります。

さらに、コンストラクタにパラメータを指定することで、配置を右詰・中央揃えに変更することができます。指定方法は、次の**表13-03**のとおりです。

▼ **表13-03** FlowLayoutの配置変更

パラメータ名	働き
FlowLayout（なし）	左詰で表示
FlowLayout.LEFT	左詰で表示
FlowLayout.CENTER	中央に表示
FlowLayout.RIGHT	右詰で表示

では、**リスト13-03**をこのFlowLayoutで表示し直してみましょう。

▼ **リスト13-04** FlowLayoutTest.java

```
01 import javax.swing.JFrame;
02 import java.awt.Container;
03 import javax.swing.JButton;
04 import java.awt.FlowLayout;
05
06 class FlowLayoutTest extends JFrame {
07   public static void main(String[] args) {
08     JFrame f = new JFrame();
09     f.setDefaultCloseOperation(JFrame.EXIT_ON_CLOSE);
10     f.setSize(200,100);
11
12     Container c = f.getContentPane();
13     c.setLayout(new FlowLayout(FlowLayout.RIGHT));
14     JButton b1 = new JButton("Push!");
15     JButton b2 = new JButton("me");
16     JButton b3 = new JButton("Please.");
17     c.add(b1);
18     c.add(b2);
19     c.add(b3);
20
21     f.setVisible(true);
22   }
23 }
```

右揃えのFlowLayout

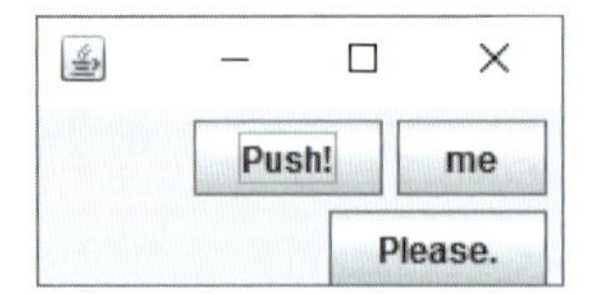

ここで、ウィンドウのサイズを横方向に広げてみましょう。ある程度広げると、下の段にあったボタンが上の段に移動するはずです。それが確認できたら、今度は逆にウィンドウを横方向に狭めてみましょう。ボタンが縦1列に表示されましたね。

■ GridLayout

GridLayoutはコンテナを縦と横の格子（グリッド）状に区切り、このグリッドに沿ってコンポーネントの配置場所を指定する方法です＊6。

ウィンドウの大きさ（幅と高さ）は、グリッドの数で等分します。つまりすべてのグリッドは、幅と高さが同じである正方形になります。そのためGridLayoutの指定では、次のように縦と横の数を指定しなければなりません。

＊6　グリッドは、表計算ソフトのシートにおける、セルのようなものです。このセル1つ1つが、コンポーネントを配置する場所になっていると考えると分かりやすいでしょう。

▶ GridLayout指定のスタイル

```
setLayout(new GridLayout(縦の数, 横の数));
```

記述例

```
testContainer.setLayout(new GridLayout(2,1));
```

▼ リスト13-05　GridLayoutTest.java

```
01 import javax.swing.JFrame;
02 import java.awt.Container;
03 import javax.swing.JButton;
04 import java.awt.GridLayout;
05
06 class GridLayoutTest extends JFrame {
07   public static void main(String[] args) {
08     JFrame f = new JFrame();
09     f.setDefaultCloseOperation(JFrame.EXIT_ON_CLOSE);
10     f.setSize(200,100);
11
12     Container c = f.getContentPane();
13     c.setLayout(new GridLayout(2,1)); ------ 縦横比2:1のGridLayout
14     JButton b1 = new JButton("Push!");
15     JButton b2 = new JButton("me");
16     JButton b3 = new JButton("Please.");
17     c.add(b1);
18     c.add(b2);
19     c.add(b3);
20
21     f.setVisible(true);
22   }
23 }
```

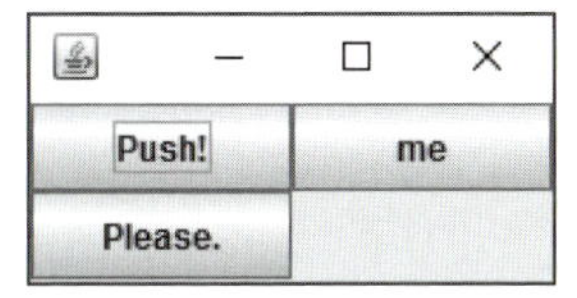

この例のように、縦2横1のレイアウトに対しボタンを3つaddしたりすると、自動的にレイアウトが変更されます。

■ BorderLayout

BoarderLayoutはフレームの中心を基点として、東（East）、西（West）、南（South）、北（North）と中央（Center）の5種類のうち、コンポーネントをどの位置に配置するかを指定する方法です。方角は、フレームの上部が常に北（North）になるよう設定されており、add()メソッドの第2引数で指定します。

▼ リスト13-06　BorderLayoutTest.java

```
01 import javax.swing.JFrame;
02 import java.awt.Container;
03 import javax.swing.JButton;
04 import java.awt.BorderLayout;
05
06 class BorderLayoutTest extends JFrame {
07   public static void main(String[] args) {
08     JFrame f = new JFrame();
09     f.setDefaultCloseOperation(JFrame.EXIT_ON_CLOSE);
10     f.setSize(300,300);
11
12     Container c = f.getContentPane();
13     c.setLayout(new BorderLayout()); ----- BorderLayout
14     JButton b1 = new JButton("東");
15     JButton b2 = new JButton("西");
16     JButton b3 = new JButton("南");
17     JButton b4 = new JButton("北");
18     JButton b5 = new JButton("中央");
19     c.add(b1, "East");
20     c.add(b2, "West");
21     c.add(b3, "South"); ----- 第2引数で方角を指定
22     c.add(b4, "North");
23     c.add(b5, "Center");
24
25     f.setVisible(true);
26   }
27 }
```

実行結果

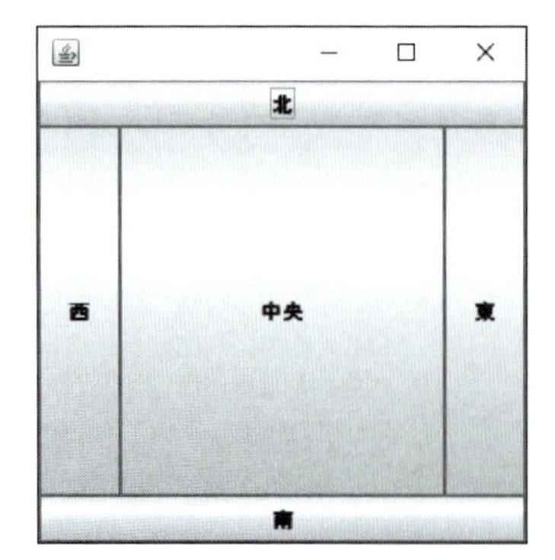

例題 13-1 (2)

Q1 次の実行結果が得られるよう、空欄に適切な語句を入れなさい。

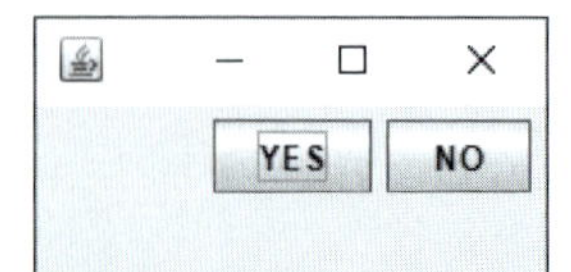


```
01 import javax.swing.JFrame;
02 import java.awt.Container;
03 import javax.swing.JButton;
04 import java.awt.FlowLayout;
05
06 class YesNoButton extends JFrame {
07   public static void main(String[] args) {
08     JFrame f = new JFrame();
09     f.setDefaultCloseOperation(JFrame.EXIT_ON_CLOSE);
10     f.setSize(200, 100);
11
12     Container c = [  ①  ];
13     c.setLayout(new FlowLayout( [  ②  ] ));
14     JButton b1 = new JButton("YES");
15     JButton b2 = new JButton("NO");
16     c.[  ③  ](b1);
17     c.[  ③  ](b2);
18
19     f.setVisible(true);
20   }
21 }
```

Q2 次の文はそれぞれどのレイアウトを説明したものか答えなさい。

1) グリッドに沿ってコンポーネントを配置する
2) 左から右へ順に配置し、入りきらない場合は次の行の左端から配置を始める

13-2 イベント処理

これまで作成したプログラムは、すべて事前に計画されていた通りに処理が行われていました。しかし、これでは対応できない状況もあります。

例えば「マウスでボタンをクリックするとウィンドウが開く」プログラムを作成しようとしても、プログラマは「どの行が実行されているときにボタンがクリックされるのか」知ることができません＊1。

そこで、「マウスがボタンをクリックした」というできごとをきっかけに処理を開始する仕組みが必要となります。このようにユーザが任意に発生させるできごとのことを、イベントといいます。イベント処理はイベントの発生を引き金に実行されます＊2。

13-2-1 イベントソースとイベントリスナー

＊1 クリックされるのを待ち続けるプログラムは作成できますが、クリックされるまで他の処理は実行できなくなってしまいます。

＊2 主に、本章で例に挙げているユーザインタフェースの作成時に、多く利用されます。

例えば、ボタンをクリックすると何らかのイベントが発生するとします。このときのボタンのように、イベントが発生する側のことをイベントソースといいます。イベントソースはイベントの発生を、イベントリスナーというものに伝達します。イベントリスナーは、伝達されたイベントをもとに、実行する処理を決定します。

▼ 図13-02 イベントソースとイベントリスナー

❶イベントソースで
イベントが発生
雨が降ってきたわよ!
傘をさせ!
❷イベントの発生を
イベントリスナーに伝達
❸実行する処理を
イベントリスナーが決定
❹JavaVMがイベントに
対応した処理を実行

このとき、具体的には次のものが必要となります。

- イベント処理のためのインタフェース
- イベント発生時に実行される処理を記述したメソッド

インタフェースやメソッドは、扱うイベントの種類によって異なります。イベントが「ボタンのクリック」であれば、インタフェースはActionListener、メソッドはactionPerformed()になります。

例題13-2(1)

Q1　次の文章の空欄に適切な語を入れなさい。

ユーザによって発生する事象をイベントと呼ぶ。このイベントが発生する元を［　①　］といい、イベントソースからイベントリスナーにイベント発生の情報が伝わることで［　②　］が実現する。イベント処理を行うためには、インタフェースとメソッドが必要になり、たとえば、ボタンのクリックによってイベント処理を行う場合はインタフェース［　③　］を利用し、メソッド［　④　］を記述する必要がある。

13-2-2 イベント処理プログラム

細かい説明をする前に、イベント処理がどんなものか、実際に動かして体験してみましょう。次のプログラムでは、whiteとblackの2つのボタンが表示されます。whiteのボタンをマウスでクリックするとウィンドウの背景色が白に変わり、blackのボタンをクリックすると背景色が黒に変わります。

▼ リスト13-07　EventTest.java

```
01 import java.awt.Container;
02 import java.awt.FlowLayout;
03 import java.awt.event.ActionListener;
04 import java.awt.event.ActionEvent;
05 import java.awt.Color;
06 import javax.swing.JFrame;
07 import javax.swing.JButton;
08
09 class EventTest extends JFrame implements ActionListener {
10     JButton whiteButton, blackButton;
11     Container c;
12
13     public EventTest() {
14         setDefaultCloseOperation(JFrame.EXIT_ON_CLOSE);
15         setTitle("Event Test");
16         setSize(400, 300);
17         c = getContentPane();
18
19         whiteButton = new JButton("白");
20         blackButton = new JButton("黒");
21         whiteButton.addActionListener(this);    イベントリスナの設定
22         blackButton.addActionListener(this);
23
24         c.setLayout(new FlowLayout());
25         c.add(whiteButton);
26         c.add(blackButton);
27     }
28
29     @Override
30     public void actionPerformed(ActionEvent e) {
31         Color col;                                イベント処理
32         if (e.getSource() == whiteButton) {
33             col = Color.white;
```

```
34            } else {
35                col = Color.black;
36            }
37            c.setBackground(col);
38            repaint();
39        }
40
41        public static void main(String[] args) {
42            EventTest et = new EventTest();
43
44            et.setVisible(true);
45        }
46    }
```

イベント処理

実行結果

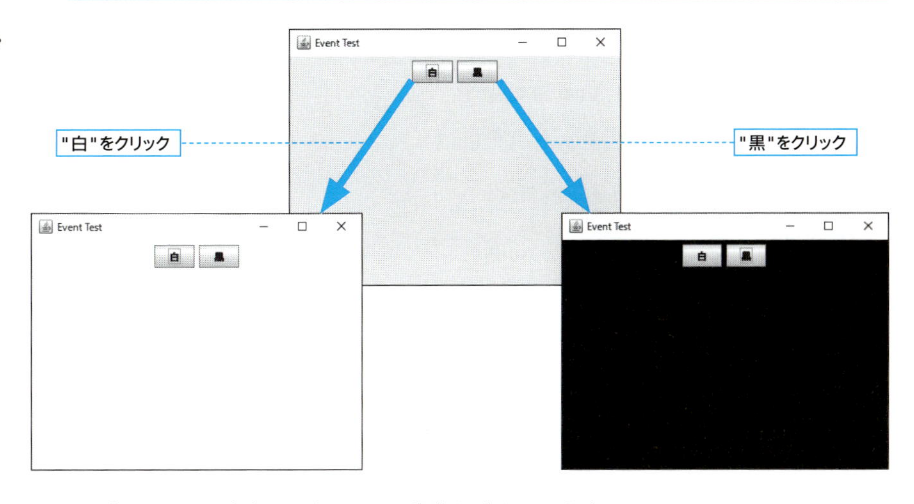

このプログラムの内容は、次の3つの段階を踏んでいます。

1 ActionListenerインタフェースの実装

ActionListenerインタフェース＊3は、actionPerformed()というメソッドを持っています。まずここに、メソッドの実体を記述する必要があります。ボタンがクリックされたときにメソッドが実行される準備を整えましょう。

actionPerformed()メソッドの引数eは、ボタンがクリックされたとき、そのボタンから生成されるオブジェクトです＊4。引数eの型**ActionEvent**は、このイベントの型を示しています。eを生成した親を**getSource()**というメソッドで調べると、必然的にどのボタンがイベントソースか分かります＊5。

＊3 ボタンクリックのイベント処理に必須のインタフェースなので、忘れないようにしてください。

＊4 eには、イベントの情報（コマンド文字列）が入っています。

＊5 具体的には、eの親オブジェクトを調べ、その結果とボタンオブジェクトを比較します。こうすることで、押されたボタンがどれかを判断します。

2 イベントリスナーの登録

次は、イベントが発生したことをイベントソースに知らせる仕掛けを作ります。その仕掛けを作っているのが、**addActionListener()**メソッドです。これによって、ボタンにイベントリスナーが登録されます。

ボタンがクリックされると、登録されたイベントリスナーがそれを感知し、そのイベントに対応した処理を開始します。この例の場合、実行される処理はactionPerformed()メソッドです。

3 イベント処理内容の定義

getBackground()とsetBackground()はそれぞれ、現在のウィンドウ表示色を獲得するメソッドと、設定し直すメソッドです。色を定義するColorオブジェクトは、次のように作成します*6。

書式

▶ Colorオブジェクトの作成

```
Color オブジェクト名 = new Color(Rの度合い, Gの度合い, Bの度合い);
```

記述例

```
Color leaf = new Color(0, 255, 0);
```

*6 色は、Colorクラス(java.awt.Color)で設定します。ColorクラスはR(赤)G(緑)B(青)の度合い(0〜255)の組み合わせで扱う色を決定します。絵の具に例えると、3色の絵の具を、それぞれ0(使用しない)から255(全部使いきる)の量を出し、パレット上で混ぜ合わせた色が表示されます。できた色は、Colorオブジェクトに設定します。

*7 JFrameの背景色の変更もできますが、JFrameの上に乗っているコンテナの色を変えないと、色の変更は確認できません。

ただし次の13種類の色(標準色)は、事前に色名が登録されています。そのため、わざわざオブジェクトを作成しなくても、色名を指定するだけで色を設定できます。

▼ 表13-04 初期設定色

色名	意味
black	黒
blue	青
cyan	紫
darkGray	暗い灰色
gray	灰色
green	緑
lightGray	明るい灰色
magenta	赤紫
orange	オレンジ色
pink	ピンク
red	赤
white	白
yellow	黄色

これらは定数として扱われるので、設定する際は次のように指定します*7。

```
setColor(Color.white);   ------白を指定
setColor(leaf);   ------記述例の緑を指定
```

13-2-3 イベントの種類

13-2-2では、ボタンクリックを例にイベント処理を説明しました。しかし、イベントの型はActionEventだけでなく、次のものも用意されています。

▼ 表13-05 イベントの型

イベント型名	用途
ActionEvent	ボタンのクリックやメニューの選択など
AdjustmentEvent	スクロールバーによる表示領域の調整
ComponentEvent	コンポーネントのサイズや位置の変更
ContainerEvent	コンポーネントの追加や削除
FocusEvent	フォーカス(キー入力受け付け可能)
ItemEvent	チェックボックスによる選択

イベント型名	用途
KeyEvent	キー入力
MouseEvent	マウスのクリックや移動など
TextEvent	テキストフィールド内の文字の変更
WindowEvent	ウィンドウのクローズやアイコン化など

ActionEventがそうであったように、これらのイベント型にはそれぞれインタフェースがあり、そのイベントで実行されるメソッドが用意されています。

13-2-4 マウスのイベント処理

では、**MouseEvent**を例に、プログラムを作成してみましょう。MouseEventに関するインタフェースは、**MouseListener**と**MouseMotionListener**の2つです。それぞれが持つメソッドとイベントの対応関係は、次のとおりです。

▼ **表13-06** MouseListenerインタフェースのメソッド

メソッド名	対応するイベント
mouseClicked()	マウスポインタがクリックし終わった
mouseEntered()	マウスポインタがウィンドウに入った
mouseExited()	マウスポインタがウィンドウから出た
mousePressed()	マウスボタンが押された
mouseReleased()	マウスボタンが離された

▼ **表13-07** MouseMotionListenerインタフェースのメソッド

メソッド名	対応するイベント
mouseDragged()	マウスポインタ移動中にボタンが押された
mouseMoved()	マウスポインタが移動した

この2つのインタフェースのうち、MouseListenerインタフェースを使ったプログラムを作成してみましょう。**13-2-2**では、ボタンを押すとウィンドウの背景色が変化するプログラムを作成しました。今度は、マウスポインタがウィンドウに入ったり出たりすることで色が変わります。

▼ **リスト13-08** MouseEventTest.java

```
01 import java.awt.Container;
02 import java.awt.event.MouseListener;
03 import java.awt.event.MouseEvent;
04 import java.awt.Color;
05 import javax.swing.JFrame;
06
07 class MouseEventTest extends JFrame implements MouseListener {
08     Container c;
09
10     public MouseEventTest() {
11         setDefaultCloseOperation(JFrame.EXIT_ON_CLOSE);
12         setTitle("Mouse Event Test");
13         setSize(400, 300);
14         c = getContentPane();          イベントリスナの設定
15         addMouseListener(this);
16     }
```

```
17
18      @Override
19      public void mousePressed(MouseEvent e) {}
20
21      @Override
22      public void mouseReleased(MouseEvent e) {}
23
24      @Override
25      public void mouseClicked(MouseEvent e) {}
26
27      @Override
28      public void mouseEntered(MouseEvent e) {
29          c.setBackground(Color.black);
30          repaint();
31      }
32
33      @Override
34      public void mouseExited(MouseEvent e) {
35          c.setBackground(Color.white);
36          repaint();
37      }
38
39      public static void main(String[] args) {
40          MouseEventTest met = new MouseEventTest();
41
42          met.setVisible(true);
43      }
44  }
```

イベント処理

実行結果

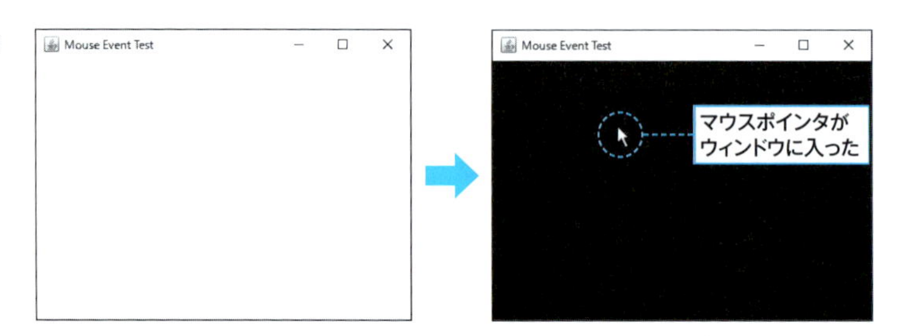

1 MouseListenerインタフェースの実装

まずは、MouseListenerを実装するには、mouseClicked()、mouseEntered()、mouseExited()、mousePressed()、mouseReleased()という5つのメソッドの実体を記述します。

今回必要なのは、マウスがウィンドウに出入りしたときの処理だけなので、mouseEntered()とmouseExited()だけを実装します＊8。

＊8　その他のメソッドには何も書きませんが、処理対象にならなくても、メソッドの定義は必ず記述します。

2 イベントリスナーの登録

イベントリスナーをウィンドウに登録します。イベントリスナーは、addMouseListener()メソッドで登録します。

3 イベント処理内容の定義

これでイベント処理に関わる準備は、すべて完了しました。あとはウィンドウのサイズ設定など、他の部分を補完するだけです。

例題 13-2 (2)

Q1 MouseEventTest.javaを参考に、マウスクリックする度にウィンドウの背景色が白と黒に交互に変化するプログラムを作成しました。プログラムが正しく動作するように、空欄に適切な語を入れなさい。

```
01 import java.awt.Container;
02 import java.awt.event.MouseListener;
03 import java.awt.event.MouseEvent;
04 import java.awt.Container;
05 import java.awt.Color;
06 import javax.swing.JFrame;
07
08 class MouseEventTest2 extends JFrame implements [ ① ] {
09     Container c;
10     boolean isWhite = false;
11
12     public MouseEventTest2() {
13         setDefaultCloseOperation(JFrame.EXIT_ON_CLOSE);
14         setSize(400, 300);
15         c = getContentPane();
16         c.setBackground(Color.black);
17         [ ② ] ;
18     }
19
20     @Override
21     public void mousePressed(MouseEvent e) {}
22
23     @Override
24     public void mouseReleased(MouseEvent e) {}
25
26     @Override
27     public void [ ③ ] (MouseEvent e) {
28         if (isWhite) {
29             c.setBackground(Color.black);
30             isWhite = false;
31         } else {
32             c.setBackground( [ ④ ] );
33             isWhite = true;
34         }
35     }
36
37     @Override
38     public void mouseEntered(MouseEvent e) {}
39
40     @Override
41     public void mouseExited(MouseEvent e) {}
42
43     public static void main(String[] args) {
44         MouseEventTest2 met = new MouseEventTest2();
45
46         met.setVisible(true);
47     }
48 }
```

13-3 グラフィックスとアニメーション

第12章では、サーバとクライアント双方を自作してきました。しかし実際は、すでに用意されたサーバに合わせて、クライアントプログラムを作成することがほとんどです。

そこで最後のまとめとして、これまでの知識を総動員し、Webサーバに接続するWebブラウザを作成します。

13-3-1 メッセージの出力

System.out.print()メソッドでターミナルに文字列（メッセージ）を出力することは、これまでに何度も行ってきましたね。せっかくウィンドウを開くことができるようになったのですから、ターミナルではなくウィンドウにメッセージを表示させてみましょう。

13-1ではボタンに「Push!」などのラベルを貼り付けてウィンドウに出力させましたが、ホタンはクリックするためにあるものですから、メッセージを表示させるためにボタンを用意するというのは適切ではありません。メッセージを表示させるために、JPanelを使用しましょう。

JPanelは、描画処理を行うための**paintComponent()**メソッドを持っています。このメソッドはウィンドウを移動したり、アイコン化した状態から元の状態に戻す時など、JPanelを含んだコンポーネントを再描画する必要がある時に、その都度自動的に呼び出されるメソッドです＊1。

＊1 自動的に呼び出されるのでプログラマが呼び出し（再描画の実施）タイミングを考える必要はありません。

そこで、このメソッドをオーバーライドして、JPanelに表示させたい内容を記述します。なお、paintComponent()メソッドは、Graphicsオブジェクトを引数とします。これは、描画を行うための画用紙のようなものだとイメージしてください。そのため、描画の命令はこのGraphicsオブジェクトに対して行うことになります。

ここでは、JPanelを継承したmyPanelクラスを作り、そのなかでpaintComponent()メソッドをオーバーライドすることにします。

記述例

```
class myPanel extends JPanel {
    @Override
    public void paintComponent(Graphics g) {
        super.paintComponent(g);

        g.drawString("Hello.", 150, 100); ------ 描画のための命令

    }
}
```

オーバーライドした時に、superで親クラス（JPanel）のpaintComponet()を呼び出して、これから行う描画のための処理以外のことを完了させている点に注意してください。

また、drawString()メソッドは、指定した位置に文字列を描画させるための命令で、書式は次のようになります。System.out.print()メソッドなどでは表示位置の指定はありませんが、drawString()メソッドではどこに描画するかを指定しなければなりませんので注意が必要です。

▶ drawString()メソッドの書式

```
drawString(メッセージ,先頭文字の左下のx座標, 先頭文字の左下のy座標);
```

記述例

```
g.drawString("Hello.", 150, 100);
```

Hello.という文字列を(150,100)から描画する

次のプログラムでpaintComponent()メソッドやdrawString()メソッドの動きを確認しましょう。

▼ リスト13-09　FrameOutputTest.java

```
01 import javax.swing.JFrame;
02 import javax.swing.JPanel;
03 import java.awt.Container;
04 import java.awt.Graphics;
05
06 class myPanel extends JPanel {
07     @Override
08     public void paintComponent(Graphics g) {
09         super.paintComponent(g);
10         g.drawString("Hello.", 150, 100);
11     }
12 }
13
14 class FrameOutputTest extends JFrame {
15     public static void main(String[] args) {
16         JFrame f = new JFrame();
17         f.setDefaultCloseOperation(JFrame.EXIT_ON_CLOSE);
18         f.setSize(300, 200);
19         Container contentPane = f.getContentPane();
20         myPanel p = new myPanel();
21         contentPane.add(p);
22
23         f.setVisible(true);
24     }
25 }
```

実行結果

13-3-2 グラフィックス

drawArc()メソッドは円弧を描く命令で、6つのパラメータを必要とします。書式を以下に示します。

▶ **drawArc()メソッドの書式**

```
drawArc(描画する円の左上のx座標, 描画する円の左上のy座標, 円の幅,
        円の高さ, 描画開始角度, 描画終了角度);
```

記述例

```
g.drawArc(75, 50, 100, 100,  0, 360);
```

ここで、2つ目までのパラメータは円の左上のx, y座標を示しているのではなく、円が内接する四角形の左上の座標であることに注意してください。そのため、drawArc()メソッドを使う時には、四角形のイメージを持つことが必要になります。

また、角度は負の値も指定できます。特に弧を描く時にはどちら側に向かうかを指定しなければなりませんから、符号の付け方に注意が必要です。

▼ **リスト13-10** DrawGraphicsTest.java

```
01 import javax.swing.JFrame;
02 import javax.swing.JPanel;
03 import java.awt.Container;
04 import java.awt.Graphics;
05 
06 class myPanel extends JPanel {
07     @Override
08     public void paintComponent(Graphics g) {
09         super.paintComponent(g);
10         g.drawArc(75, 50, 100, 100,  0, 360);
11         g.drawArc(90, 65, 70, 70, 0, -180);
12         g.drawArc(105, 85, 10, 10, 0, 360);
13         g.drawArc(135, 85, 10, 10, 0, 360);
14     }
15 }
16 
17 class DrawGraphicsTest extends JFrame {
18     public static void main(String[] args) {
19         JFrame f = new JFrame();
20         f.setDefaultCloseOperation(JFrame.EXIT_ON_CLOSE);
21         f.setSize(300, 200);
22         Container contentPane = f.getContentPane();
23         myPanel p = new myPanel();
24         contentPane.add(p);
25 
26         f.setVisible(true);
27     }
28 }
```

実行結果

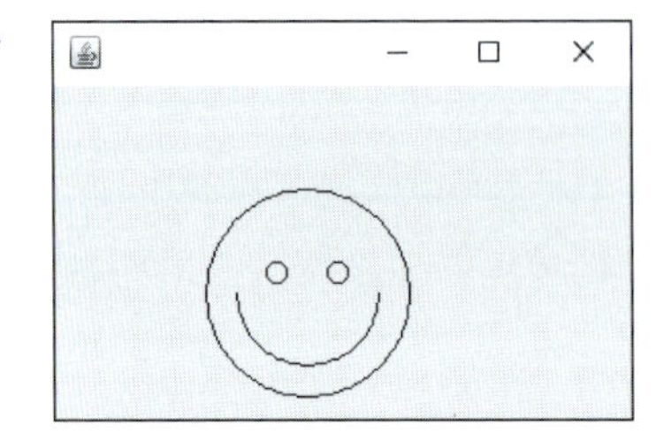

drawArc()以外の主要なメソッドを**表13-08**に示します。

▼ **表13-08**　その他の主なメソッド

メソッド	働き
drawLine()	指定した二点間に線を描く
drawOval()	楕円を描く
drawRect()	矩形を描く
fillArc()	円弧を塗りつぶして描く
fillOval()	楕円を塗りつぶして描く
fillRect()	矩形を塗りつぶして描く

13-3-3 アニメーション

アニメーションはある一定の時間ごとに表示させるグラフィックスを替えることで実現します。一定間隔で処理を行う方法は、**第11章**で学びましたが、ここではSwingの**Timer**クラスを使用してアニメーションを実現してみましょう。

Timerクラスはスタートしてから指定した時間(ミリ秒)が経過すると、ActionEventを発行することを繰り返します。そこで、ActionEventを受け取るactionPerformed()メソッドにグラフィックス描画の命令を記述してアニメーションを実現させます。

Timerクラスの使い方は次のとおりです。

▶ **Timerクラスの書式**

```
new Timer(時間, ActionEventを受け取るリスナー)
```

記述例

```
new Timer(100, this);
```

このようにして作成されたタイマーは、**start()**メソッドによって開始され、**stop()**メソッドで停止します。次のプログラムでTimerクラスを使ったアニメーションの動作を確認してみましょう。

▼ **リスト13-11**　MovingSmiley.java

```
01  import javax.swing.JFrame;
02  import javax.swing.JPanel;
03  import javax.swing.Timer;
04  import java.awt.Container;
05  import java.awt.Graphics;
06  import java.awt.event.ActionEvent;
07  import java.awt.event.ActionListener;
08
09  class myPanel extends JPanel implements ActionListener {
10      int x = 0, y = 0;
11      int dx = 1, dy = 1, d = 10;
12      Timer pTimer;
13      final int width, hight;
14
15      public myPanel(int w, int h) {
```

```
16          width = w;
17          hight = h;
18          pTimer = new Timer(200, this);
19      }
20
21      public void start() {
22          pTimer.start();
23      }
24
25      @Override
26      public void paintComponent(Graphics g) {
27          super.paintComponent(g);
28          g.drawRect(0, 0, width, hight);
29          g.drawArc(x , y , 100, 100,  0, 360);
30          g.drawArc(x + 15, y+ 15, 70, 70, 0, -180);
31          g.drawArc(x + 35, y + 35, 10, 10, 0, 360);
32          g.drawArc(x + 60, y + 35, 10, 10, 0, 360);
33      }
34
35      @Override
36      public void actionPerformed(ActionEvent e) {
37          x += d * dx;
38          y += d * dy;
39
40          if (x < 0) {
41              x += d;
42              dx *= -1;
43          } else if (x > width - 100) {
44              x -= d;
45              dx *= -1;
46          }
47          if (y < 0) {
48              y += d;
49              dy *= -1;
50          } else if (y > hight - 100) {
51              y -= d;
52              dy *= -1;
53          }
54          repaint();
55      }
56  }
57
58  class MovingSmiley extends JFrame {
59      public static void main(String[] args) {
60          JFrame f = new JFrame();
61          f.setDefaultCloseOperation(JFrame.EXIT_ON_CLOSE);
62          f.setSize(300, 200);
63          f.setTitle("Moving Smiley");
64          f.setResizable(false);
65          Container contentPane = f.getContentPane();
66          myPanel p = new myPanel(300, 150);
67          contentPane.add(p);
68          p.start();
69
70          f.setVisible(true);
71      }
72  }
```

❖ リスト解説

03行目

Timerクラスを使用するために、javax.swing.Timerをimportしています。

06行目, 07行目

Timerによって発行されるイベントを扱うためのActionEventとActionListnerをimportしています。

09行目

ActionListenerを使用するので、import ActionListenerを記述しています。

21行目～24行目

Timerを開始させるためのメソッドstart()を定義しています。このメソッドによって、５８行目からのMovingSmileyクラスでTimerを開始させることができるようになります。

25行目～33行目

画像を動かすために、座標はxとyの２つの変数を利用して表現しています。これらの変数の値を変えることで、グラフィックが動いている（アニメーション）ように見せます。

28行目

drawRect()は四角形を描くための命令です。左上が(0,0)となる幅がwidthで高さがhightの四角形を、グラフィックが動く範囲としています。

35行目～56行目

actionPerformedをオーバーロードして、描画位置の計算をしています。変数dxはx軸方向の向きを表していて、右方向に移動するのであれば1、左方向に移動するのであれば-1を取ります。同様にdyは上方向には-1、下方向には１を取るようにして、壁にぶつかった時に方向が反転するようにif文を使ってコントロールしています。

54行目

repaint()メソッドで再描画を指示しています。repaint()は内部でpaintComponent()メソッドを呼び出すので、actionPerformed()メソッド内で指定したx, yの値に基づいてグラフィックが再描画されます。

68行目

myPanelのインスタンスpのstart()メソッドを実行することでTimerが動作し、アニメーションが開始されます。

実行結果

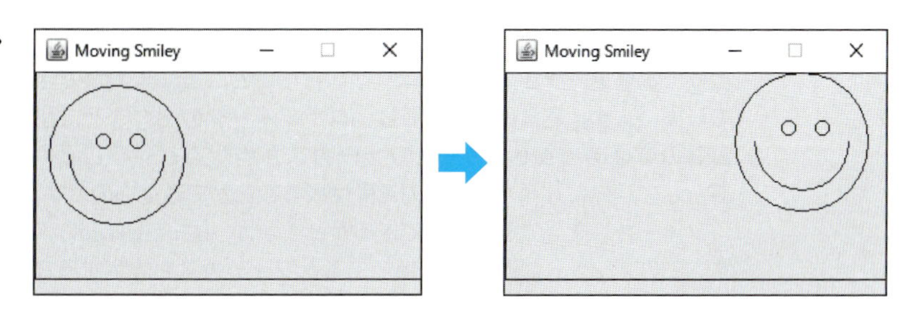

13-4 ゲームプログラミング

これまでに学んだことを踏まえて、本書のまとめとして最後に簡単なゲームを作ってみましょう。以下、ゲームを作成するにあたって必要な事柄の説明を行います。

13-4-1 キー入力の判定

このゲームではカーソルキーを使って操作を行うこととしますので、**13-2-3**で紹介したKeyEventを利用します。KeyEventはKeyListenerインタフェースが利用され、キーの操作によって**表13-09**に示す3つのメソッドが呼び出されます。

▼ **表13-09**　キー操作により呼び出されるメソッド

メソッド名	対応するイベント
KeyPressed()	キーが押された
keyReleased()	押されていたキーが放された
keyTyped()	キーが押された（シフトキーなどを除く）

KeyPressed()はどんなキーでも押されたら呼び出されます。そのため、'A'のように、Shiftキーを押しながら入力するときには、shiftを押した時点でKeyPressed()が呼び出されてしまいますが、KeyTyped()はAキーを押した（'A'が入力できた）時に呼び出されるものです。

どんなキーが押されたかは、getKeyChar()メソッドやgetKeyCode()メソッドで知ることができます。getKeyChar()メソッドは入力された文字を得ることができますが、シフトキーなどの入力には対応できません。このような場合は、getKeyCode()メソッドを用いて判断することになります＊1。

＊1　Unicode等の文字コードではなく、仮想キーコードと呼ばれるものを使用します。詳細はJavaのマニュアルを参照してください。

13-4-2 フォーカス

GUI部品を扱う場合、どの部品が操作の対象になっているか（フォーカスが当たっているか）をきちんとコントロールできなければ、思いも寄らない場所にデータを入力してしまったり、本来データを入力しなければならないところに入力ができない、ということも起きてしまいます。さらに、パネルは、グラフィックの出力などに利用され、入力を行うためのものではありませんから、フォーカスが当たるということはありません。そのため、JPanelでは先に述べたキー入力を受け取ることができないのです。

フォーカスを当てることができるかどうかは、isFocusable()メソッドで調べられています。このメソッドの返値がfalseであるとフォーカスを設定することができませんので、記述例のようにオーバーライドしてJPanelでもキー入力ができる（KeyEventが発生する）ように書き換えを行います。

```
public boolean isFocusable() {
    return true;
}
```

13-4-3 TinyPongの作成

矢印キーの↑↓を使って縦長のパドルを操作し、飛び跳ねているボールをはじき返すゲームを作成してみましょう。

▼ リスト13-12 TinyPong.java

```
01 import javax.swing.JFrame;
02 import javax.swing.JPanel;
03 import javax.swing.Timer;
04 import java.awt.Container;
05 import java.awt.Graphics;
06 import java.awt.event.ActionEvent;
07 import java.awt.event.ActionListener;
08 import java.awt.event.KeyEvent;
09 import java.awt.event.KeyListener;
10 import java.awt.BorderLayout;
11 import java.awt.Dimension;
12 import java.awt.Color;
13 
14 class myPanel extends JPanel implements ActionListener, KeyListener {
15     int x = 30, y = 20;
16     int dx = 1, dy = 1, d = 30;
17     int padY = 55;
18     int pd = 0;
19     Timer pTimer;
20     final int width, hight;
21 
22     public myPanel(int w, int h) {
23         width = w;
24         hight = h;
25         setPreferredSize(new Dimension(w, h));
26         setBackground(Color.black);
27         pTimer = new Timer(100, this);
28         addKeyListener(this);
29     }
30 
31     public void start() {
32         pTimer.start();
33     }
34 
35     @Override
36     public void paintComponent(Graphics g) {
37         super.paintComponent(g);
38         g.setColor(Color.white);
39         g.fillRect(30, 0, width, 5);
40         g.fillRect(width-5, 0, 5, hight);
41         g.fillRect(30, hight-5, width, 5);
42 
43         g.fillOval(x , y , 10, 10);
44 
45         g.fillRect(20, padY, 8, 30);
46     }
47 
```

```
48      @Override
49      public void actionPerformed(ActionEvent e) {
50          padY += pd;
51          if (padY < 0) {
52              padY = 0;
53          } else if (padY > hight - 30) {
54              padY = hight - 30;
55          }
56
57          x += 10 * dx;
58          y += 5 * dy;
59
60          if (x > width - 15) {
61              dx *= -1;
62              x = width - 15;
63          }
64          if (y < 5) {
65              dy *= -1;
66              y = 5;
67          } else if  (y > hight - 15) {
68              dy *= -1;
69          y = hight - 15;
70          }
71
72          if (x < 30) {
73              if ((y >= padY) && (y <= padY+30)) {
74                  dx *= -1;
75                  x = 30;
76              }
77          }
78          repaint();
79      }
80
81      @Override
82      public void keyPressed(KeyEvent e) {
83          switch (e.getKeyCode()) {
84          case KeyEvent.VK_UP:
85              pd = -10;
86              break;
87          case KeyEvent.VK_DOWN:
88              pd = 10;
89              break;
90          }
91      }
92
93     @Override
94     public void keyReleased(KeyEvent e) {
95         switch (e.getKeyCode()) {
96             case KeyEvent.VK_UP:
97             case KeyEvent.VK_DOWN:
98                 pd = 0;
99         }
100    }
101
102   @Override
```

```
103   public void keyTyped(KeyEvent e) { }
104
105   @Override
106   public boolean isFocusable() {
107       return true;
108   }
109 }
110
111 class TinyPong extends JFrame {
112     public static void main(String[] args) {
113         JFrame f = new JFrame();
114         f.setDefaultCloseOperation(JFrame.EXIT_ON_CLOSE);
115         f.setLayout(new BorderLayout());
116         f.setSize(300, 200);
117         f.setTitle("TinyPong");
118         f.setResizable(false);
119         Container contentPane = f.getContentPane();
120         myPanel p = new myPanel(300, 150);
121
122         contentPane.add(p, "Center");
123         p.start();
124
125         f.setVisible(true);
126     }
127 }
```

解説

❖ リスト解説

09行目

キーボードからの入力を処理するために、KeyListenerを加えています。

28行目

パネルにKeyListenerを追加し、KeyEventが発生した時に検出できるようにしています。

35行目～46行目

ゲーム画面の作成をしています。37～39行目では幅が5の壁をfillRect()メソッドで作成し、43行目ではパドルを作成しています。また、41行目のfillOval()メソッドはボールを表します。

60行目～70行目

壁への当たり判定を行っています。壁にぶつかると方向を反転してボールが移動します。

72行目～77行目

パドルへの当たり判定をしています。パドルにボールがぶつかるとボールが跳ね返ります。

81行目～100行目

キー入力の判定をしています。VK_UPが↑キーを表し、VK_DOWNは↓キーを表しています。キーが押されている間、という記述ができないので、キーが押されたら(keyPressed)変数pdの値を10または-10に設定し、キーが放されたら(keyReleased)pdの値を0に戻すことで、パッドの移動量を変更しています。

102行目～103行目

keyTyped()の処理は行いませんので、空のままになっています。

105行目～108行目

isFocusable()メソッドの戻り値をtrueにしてフォーカスが当たるようにしています。

実行結果

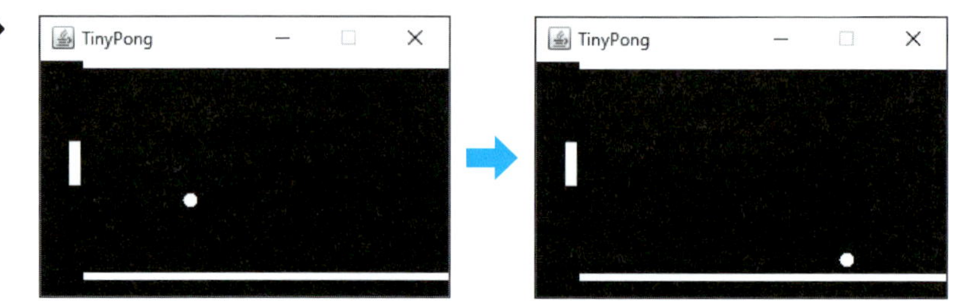

例題 13-4（1）

Q1 ミスした時に、ボールがx座標は中央、y座標はランダム（5~hight-5の範囲）で出現するようにTinyPong.javaのactionPerformed()メソッドを書き換えなさい。なお、乱数はMath.random()を使用すること。

INDEX

た行

な行

は行

ま行

や行

ら行

わ行

おわりに

13章（＋例題）まである本書を、最後までお読み頂きありがとうございます。

Javaの魅力はもちろんですが、プログラミングの楽しさや面白さを感じて頂けたでしょうか？当たり前のことですが、Javaに限らずプログラミング言語は、コンピュータの世界での「言語」です。広く解釈すれば、日本語や英語と同じものです。英語を教科書でどんなに勉強しても、実際に使わなければ上達には時間がかかります。一方で、積極的に普段から使用していると、どんどん上手くなっていきます。プログラミング言語も同じです。積極的にプログラミングを行い沢山の経験を積むこと（英語でいうライティング・スピーキング）、そして他の人のプログラムを沢山読んでそこにあるテクニックを学び取ること（英語で言うライティング）が、読者の方々の今後の成長にとても役に立つことでしょう。

そのための参考として、資格試験や最新のテクノロジーに関係する以下のものを紹介します。皆様のお役に立てば幸いです。

- **情報処理技術者試験（Javaプログラミングが出題されます）**
  https://www.jitec.ipa.go.jp/
- **Java SE 8認定資格（Oracle）**
  http://www.oracle.com/jp/education/certification/jse8-2489021-ja.html
- **Android技術者認定制度**
  http://ace.it-casa.org/ace/about/
- **Android Studio**
  https://developer.android.com/studio/intro/?hl=ja
- **TensorFlow for Java**
  https://www.tensorflow.org/install/lang_java

[著者]
佐々木 整（ささき ひとし）
1968年生まれ、岩手県出身
拓殖大学工学部教授

専門は教育情報工学で、普段はICTを活用した教育システムの研究に従事。
JavaはJDK βを1995年に使い始め、1996年に秀和システムより『はじめてのJava』を刊行して以来の付合い。しかし、初めて学んだプログラミング言語はPascalであったため、できればPascal、しかもTurbo Pascalを使ってプログラミングをしたい、「本格学習 Pascal入門」を書きたい・・・などとと思っているが、最近は大人の事情でJavaでもPascalでもなく、JavaScriptとPythonでプログラミングをすることがほとんど。

主な著書
「ゼロからわかるJava超入門［改訂新版］」（技術評論社）
「改訂新版 よくわかる情報リテラシー（標準教科書）」（技術評論社）
「IT Text 情報とネットワーク社会」（オーム社）
「IT Text 情報とコンピュータ」（オーム社）

● **カバー・本文デザイン**
河井 宜行・熊谷 昭典
● **DTP**
技術評論社　制作業務部
● **編集**
原田 崇靖
● **技術評論社ホームページ**
https://gihyo.jp/

本格学習 Java入門
［改訂3版］

2018年12月5日　初版　第1刷発行

著者　佐々木整
発行者　片岡　巌
発行所　株式会社技術評論社
東京都新宿区市谷左内町21-13
電話　03-3513-6150　販売促進部
03-3513-6160　書籍編集部
印刷／製本　株式会社加藤文明社

定価はカバーに表示してあります。

ISBN978-4-297-10122-0　C3055
Printed in Japan

■ **お問い合わせについて**
本書の内容に関するご質問は、下記の宛先までFAXまたは書面にてお送りください。なお電話によるご質問、および本書に記載されている内容以外の事柄に関するご質問にはお答えできかねます。あらかじめご了承ください。

〒162-0846
東京都新宿区市谷左内町21-13
株式会社技術評論社　書籍編集部
「本格学習 Java入門［改訂3版］」質問係
FAX番号　03-3513-6167

なお、ご質問の際に記載いただいた個人情報は、ご質問の返答以外の目的には使用いたしません。また、ご質問の返答後は速やかに破棄させていただきます。